CCF青年科学家科技前沿探索丛书

大数据治理

李浥东　沈华伟　范举 ◎编著

BIG DATA
GOVERNANCE

U0191100

机械工业出版社
CHINA MACHINE PRESS

本书是中国计算机学会青年计算机科技论坛在 2021 年举办的"大数据治理的关键技术路径"深度思辨论坛的成果，着重讨论大数据治理的内涵和大数据治理的可行技术路径，包括大数据治理的背景与内涵、大数据安全与隐私保护、大数据管理与数据流转、面向大数据应用的算法治理等内容。书末还收录了深度思辨论坛的起源、论坛组织纪实与精彩观点，梳理了大数据治理中的挑战，并对未来的潜在研究方向进行了展望。

本书适合从事大数据相关工作的研究者和工程师阅读。

图书在版编目（CIP）数据

大数据治理 / 李浥东，沈华伟，范举编著． -- 北京：机械工业出版社，2024．11． --（CCF 青年科学家科技前沿探索丛书）． -- ISBN 978 -7-111-76574-5

Ⅰ．TP274

中国国家版本馆 CIP 数据核字第 2024ML3700 号

机械工业出版社（北京市百万庄大街 22 号　邮政编码 100037）

策划编辑：梁　伟　　　　　　责任编辑：梁　伟　高凤春
责任校对：牟丽英　王　延　　责任印制：张　博
北京建宏印刷有限公司印刷
2025 年 1 月第 1 版第 1 次印刷
148mm × 210mm · 8.75 印张 · 140 千字
标准书号：ISBN 978-7-111-76574-5
定价：79.00 元

电话服务　　　　　　　　　网络服务
客服电话：010-88361066　　机　工　官　网：www.cmpbook.com
　　　　　010-88379833　　机　工　官　博：weibo.com/cmp1952
　　　　　010-68326294　　金　书　网：www.golden-book.com
封底无防伪标均为盗版　机工教育服务网：www.cmpedu.com

在数字时代的浪潮中，技术论坛作为知识交流的前沿阵地，其重要性日益凸显。CCF YOCSEF（中国计算机学会青年计算机科技论坛）的深度思辨论坛以其独特的定位和价值，成为推动计算机科学领域研究的重要平台。深度思辨论坛不仅为青年科学家搭建了一个深入交流、碰撞思想的舞台，更在前沿科技领域，引导着行业内的深度探索与讨论。正是在这样的背景下，"CCF 青年科学家科技前沿探索丛书"（简称 Y-BOOK）应运而生，它作为深度思辨论坛的延伸，将论坛中的成果以图书的形式呈现，以期达到更广泛传播和产生更深远影响的目的。

Y-BOOK 以其新颖的选题、深入的内容而独树一帜。选题聚焦于行业内广泛关注但尚未有明确结论的前沿问题，不仅具有争议性，还有着广阔的讨论空间。内容记录了青年科学家的精彩观点，并保证每个观点都有充分的理论支撑，不仅是对未来科技方向的思考和探索，更是对读者从业或研究方向的指引。此外，通过展现论坛上的交锋过程，让读者感受科学的魅力与激情。

　　在 CCF 出版工委和 CCF 秘书处出版部的大力支持下，第一批 Y-BOOK 将陆续推出 4 种，包括《大数据治理》《智慧农业关键技术》《Web3 时代的数字资产：NFT 的原理、应用与未来》《量子语言智能》。这些不仅是 CCF YOCSEF 深度思辨论坛的思想结晶，更是我们对未来的一次勇敢探索。期待未来有越来越多的 Y-BOOK 面世，带来更大的社会效益，共同推动计算机科学领域的繁荣发展。让我们携手并进，一起见证科技的力量与美好！

　　　　　　　　CCF YOCSEF 秘书长　谭晓生

作为信息化发展的新兴产物，大数据在推动数字经济发展中的关键生产要素的作用逐渐显现。在互联网信息服务、健康医疗、金融科技、智能制造、智慧城市等领域，大数据驱动的智能应用正蓬勃发展，深刻地影响和改变着人们的生产与生活方式，并在国家治理体系和治理能力现代化进程中扮演着举足轻重的角色。然而，随着大数据应用逐步进入深层次发展阶段，大数据的"红利"逐渐减弱，数据"孤岛"问题依旧显著，数据安全和隐私保护问题备受关注，数据确权和数据流转问题尚未得到有效解决。这些问题本质上都属于大数据治理问题，使得大数据驱动的智能算法面临着新的治理难题，近年来已成为政府、学术界以及产业界广泛关注的焦点。

目前，大数据治理的发展存在着内涵边界不清晰、发展目标不聚焦、可行路径不明确等问题，严重限制了大数据的应用范围、赋能深度和安全边界拓展。关于大数据治理的内涵，目前尚未明确是需求驱动还是技术驱动。关于大数据治理的可行路径有哪些，甚至是否存在关键技术路径等问题，仍缺乏明确的答案。另外，大数据治理并非纯粹的技术挑战，而是要依赖于制度和技术的结合。在制度层面，必须明确大数据治理的责任主体，推动法律法规、标准规范的制定，明确主体在数据治理中的责任和义务，以确保大数据治理有据可依。在技术层面，应当构建合理的大数据治理技术框架，建立数据安全、隐私保护、数据流转、数据管理、算法监管等技术体系，为大数据治理提供必要的技术支撑。上述问题已经超出任何一个学科领域的研究范畴，需要将数据科学、计算机科学、管理学、经济学、法学等多学科知识深度融合，从而形成较完整的解决方案。

本书缘起于中国计算机学会青年计算机科技论坛（CCF YOCSEF）在 2021 年 9 月举办的"大数据治理的关键技术路径"深度思辨论坛。这一论坛是 YOCSEF 对活动形式的一种革新性探索，旨在推动思辨精神回归学术界，让学术界远离浮躁，助力科研生态建设。在为期两天的思辨过程中，来自清华大学、中国科学院计算技术研究所、中国信息通信研究院、北京市大数据中心、科大讯飞股份有限公司等单位的数位大数据领域的代表性中青年学者进行了激烈的思想碰撞，共同探索大数据治理的内涵、发展方向及可行路径。本书的三位作者有幸组织并深度参与了此次论坛的各个环节,在思辨过程中受益匪浅,并在《中国计算机学会通讯》上发表了观点文章。这篇文章一经刊出就引起了来自不同领域的众多读者的关注,很多人希望得到有关这一领域更翔实、系统的资料。为将论坛中讨论形成的诸多极具价值的观点系统性地呈现出来,我们结合前期在大数据治理方面的研究成果编写了本书。本书从关键技术路径这个"小切口"出发,探究大数据治理的内涵边界、机理方法和发展趋势。

本书由北京交通大学李浥东教授负责总体设计、统稿和补充完善。第 1 章由李浥东教授和中国科学院计算技术研究所的沈华伟研究员编写,第 2 章由李浥东教授编写,第 3 章由中国人民大学范举教授编写,第 4 章由沈华伟研究员编写。作者致力于为读者构建较为全面的大数据治理关键技术路径体系,并力求全面准确地介绍大数据治理相关的技术和应用。然而,大数据治理的理论和方法仍处于探索发展阶段,大数据治理的内涵与外延也在不断变化,尚有大量工作值得进一步深入开展。因此,冀望本书能激发更多关注大数据治理的研究者、实践者和决策者进行更深入的思考和更有价值的思辨,并敬请各位读者批评指正。

内容概览

本书共 4 章。

第 1 章介绍大数据治理的背景与内涵。针对大数据治理中的问题，探索大数据治理的内涵，梳理大数据治理能够做什么，以及大数据治理要做什么。

第 2 章介绍大数据安全与隐私保护。包括基于密码学的安全与隐私保护技术、基于统计学的安全与隐私保护技术、基于软硬件协同的安全与隐私保护技术，以及基于区块链的安全与隐私保护技术等关键技术路径。

第 3 章介绍大数据管理与数据流转。包括基于标识的多方互认数据访问体系与技术、基于质量感知的异构数据融合方法、基于预训练语言模型的数据融合与清洗技术等关键技术路径。

第 4 章介绍面向大数据应用的算法治理。包括消除算法偏见、提升算法公平性，可信治理提升算法鲁棒性，算法隐私保护，算法审计等关键技术路径。

在本书的附录部分，给出了常用术语及其解释，并整理了 YOCSEF 深度思辨论坛的内容，从 YOCSEF 论坛的起源开始，汇总整理了大数据治理论坛的组织纪实和论坛实录，梳理了大数据治理中存在的挑战，并对未来的潜在研究方向进行了展望。

致 谢

本书的筹备和编写得到了诸多相关领域专家和朋友的帮助。

首先要感谢的是参与"大数据治理的关键技术路径"深度思辨论坛的各位嘉宾：程学旗、谭晓生、熊辉、徐葳、赵志海、沈浩、崔鹏、贾晓丰、李滔、刘洋、钱宇华、谭昶、韦莎、袁野、赵鑫。

感谢北京交通大学王伟教授在成稿阶段组织了全书的修订和校验工作。本书在写作过程中也得到了陈乃月、于锦汇、陈颢瑜、张洪磊、陈俊东等的支持和帮助，在此一并致谢。

目 录

丛书序

前言

内容概览

致谢

第 1 章 大数据治理的背景与内涵   1

    1.1 问题的引出   1

    1.2 大数据治理的内涵   4

    1.3 大数据治理能做什么   9

    1.4 大数据治理要做什么   13

第 2 章 大数据安全与隐私保护   17

    2.1 关键问题   18

    2.2 可行技术路径   20

        2.2.1 基于密码学的安全与隐私保护技术   21

        2.2.2 基于统计学的安全与隐私保护技术   44

        2.2.3 基于软硬件协同的安全与隐私保护技术   73

        2.2.4 基于区块链的安全与隐私保护技术   82

第3章 大数据管理与数据流转 89

3.1 关键问题 89

3.2 可行技术路径 93

3.2.1 基于标识的多方互认数据访问体系与技术 93

3.2.2 基于质量感知的异构数据融合方法 107

3.2.3 基于预训练语言模型的数据融合与清洗技术 126

3.2.4 统一高效的多源数据查询系统 144

第4章 面向大数据应用的算法治理 149

4.1 关键问题 151

4.1.1 数据偏见算法歧视 151

4.1.2 数据不可信、算法脆弱 160

4.1.3 隐私攻击 170

4.2 可行技术路径 179

4.2.1 消除算法偏见、提升算法公平性 179

4.2.2 可信治理提升算法鲁棒性 183

4.2.3 算法隐私保护 190

4.2.4 算法审计 195

附录 200

附录 A 常用术语及其解释 200

附录 B Y 论坛介绍 207

参考文献 239

第1章

大数据治理的背景与内涵

1.1 问题的引出

大数据是信息化发展的新产物，其作为推动数字经济发展的关键生产要素，发挥的作用日益凸显。大数据驱动的智能应用在互联网信息服务、健康医疗、金融科技、智能制造、智慧城市等领域蓬勃发展，深刻地影响和改变着人们的生产与生活方式，在国家治理体系和治理能力现代化进程中发挥着重要作用。然而，随着大数据应用进入"深水区"，大数据的"红利"效应在逐渐减弱，数据"孤岛"问题依然突出，数据安全和隐私保护问题备受关注，数据确权和数据流转问题尚未得到有效解决，大数据驱动的智能算法面临新的治理难题。这些问题本质上都属于大数据治理问题，是近年来政府、学术界、产业界关注的焦点。

大数据治理技术的发展相对缓慢，呈现出内涵边界不清晰、发展目标不聚焦、可行路径不明确等问题，在很大程度上制约了大数据的应用范围、赋能深度和安全边界拓展。大数据治理作为一个概念，其本质体现为需求还是技术？大数据治理的可行路径有哪些？是否存在关键技术路径？这些问题目前依然没有明确的答案。

从表面上看，大数据治理是治和理的有机结合。治的含义是控制和监管，强调的是数据的机密性、完整性和可用性，保证数据可管、可控、可用；**理**的含义是管理和运用，强调数据使用的合理性和有序性，需要对数据进行分级分类管理，同时加强隐私保护和数据可信。大数据治理的定义有狭义和广义之分。狭义的大数据治理主要关注组织内部数据全生命周期的管理，包括数据的采集、汇聚、存储、处理等，其主要目标是提升数据的可用性，如将分散多样的数据规则化、标准化，持续提升数据质量等，为后续的分析、挖掘、算法建模等过程奠定基础。广义的大数据治理是指数据在跨域流转过程中的管理，其主要目标是保证数据的有序性，如数据如何在不同组织、行业甚至国家之间流转，以及如何提供良好的数据质量治理机制、数据安全标准与数据流转机制，以使质量、效率、安全三个关键因素之间达到平衡。

大数据治理并不是纯粹的技术问题，而是需要依靠制度和技术的结合。在制度层面，应当明确大数据治理的责任主体，推进法律法规、标准规范的制定以及基础设施的建设，明确主体的责任和义务，确保大数据治理有据可依；在技术层面，应当构建合理的大数据治理技术框架，建立数据安全、隐私保护、数据流转、数据管理、算法监管等技术体系，为大数据治理提供必要的技术支撑。

当前，大数据管理着眼于数据可用性和数据质量，数据流转使数据在流动和共享中增值，二者在很大程度上定义了大数据治理的关键技术路径[1]。大数据管理是一个质量、效率、安全三要素平衡的问题。同时，大数据管理需要建立数据质量体系和安全评价工具，在技术层面需要实现一套完备的数据查询语言接口。

作为智能时代信息社会认知与控制的核心，大数据驱动的智能算法存在内生安全问题和应用安全问题，这给大数据治理带来了全新的算法治理问题[2]。智能算法隐藏着数据中的立场和偏见，算法歧视会引发重大社会不公现象，危害社会安全。对算法进行去偏治理是保障社会公平的迫切需求和重大挑战。面对这样的不可信数据，如何避免智能算法崩溃，提升智能算法的鲁棒性，是保障数据经济发展面临的重大挑战。此外，公平性的定义在不同领域和不同需求场景下的差异很大，个体公平性和群体公平性之间也存在矛盾。如何提出统一的公平性度量框架和真实有效的去偏治理技术，仍是亟待解决的研究问题。未来，急需研究基础模型的安全评估、风险监测和模型审计技术，促进大数据驱动的智能算法创新发展，推动大数据应用规范发展和算法治理有"技"可依。

1.2 大数据治理的内涵

大数据治理（Big Data Governance）是广义信息治理的一部分，旨在面向大数据环境，对数据进行规划、管理和监控等一系列活动，优化和提升数据的架构、质量和安全，推动数据的服务创新和价值创造。概念上，大数据治理是对数据治理的延伸。由于大数据具有规模大、增速快和多样性等特点，传统数据治理技术难以满足隐私保护、数据管理和服务效率等方面的需求。例如，多源异构的大数据融合使得传统的匿名化和模糊化技术效果大大降低；海量产生的大数据使得传统密码学技术在实时性分析上遇到极大瓶颈。因此，需要综合考虑技术、管理、政策、法律等方面的问题，从数据安全与隐私保护、数据质量管理、数据合规性和数据价值最大化等多角度进行大数据治理，并通过制定数据治理策略、规定数据管理流程、建立数据质量标准、制定数据安全策略和管理规范、落实数据隐私保护措施、制定数据开放政策等实现安全有效的大数据治理，提供大数据服务。

大数据治理是对大数据全生命周期的规划、管理和监控。大数据全生命周期包含数据获取、数据管理和数据应用三个阶段。在数据获取阶段，大数据治理要对数据来源进行规范化和标准化，将分散的数据整合成可用的数据集，为后续数据分析和应用打下基础；选择适合数据存储与管理的技术和系统，确保数据的完整性、一致性、可靠性和安全性。在数据管理阶段，大数据治理要完成数据清洗、数据集成、数据变换等任务，确保数据的准确性和可信度；同时采用大数据隐私保护技术，保护个人信息和敏感数据，确保数据的使用符合法律和道德标准。在数据应用阶段，大数据治理要建立数据共享和开放机制，为政府、企业和公众提供公开透明的数据资源，促进数据的再利用和价值的最大化；利用数据分析技术和工具，挖掘数据中的价值，为业务决策提供支持和指导，实现数据驱动的智能化发展。

大数据治理是一个范围广、技术杂、多阶段的概念。随着大数据的快速发展，大数据治理的概念也在不断地演变和扩展。

从不同领域的角度来看，学术界、行业领域、政府领域会根据所在领域的需求侧重于领域相关的大数据治理内容。

在学术界，大数据治理主要集中在数据获取和数据管理两个方面，强调在数据的采集、存储、处理和分析等过程中对数据的规范、安全和可用性进行管理，实现对大数据的有效管理和利用。梅宏院士在《数据治理之论》中提出了大数据治理的五个核心内容，包括以释放数据价值为目标、以数据资产地位确立为基础、以数据管理体制机制为核心、以数据共享开放利用为重点、以数据安全与隐私保护为底线。桑尼尔·索雷斯在《大数据治理》中提出"大数据治理是广义信息治理计划的一部分，即制定与大数据有关的数据优化、隐私保护与数据变现的政策"。

在行业领域，大数据治理更加注重数据应用场景和具体实践。对于企业来说，大数据治理是企业运营、决策、管理的基础和关键，强调对企业数据的管理、分析和应用，以便企业能够更好地理解客户需求、优化业务流程、提升产品质量、降低成本和提高竞争力。

例如，对于金融领域来说，大数据治理更多地强调风险管理和合规监管，以便保障金融业稳健发展；对于医疗行业来说，大数据治理则更多地强调医疗数据的管理、共享和应用，以便提高医疗资源的利用效率和医疗服务的质量。行业领域相关的大数据治理在《数据治理与数据安全》中被定义为"数据治理意指建立在数据存储、访问、验证、保护和使用之上的一系列程序、标准、角色和指标，以期通过持续的评估、指导和监督，确保富有成效且高效的数据利用，实现企业价值"。

在政府领域，大数据治理则更加注重公共利益和社会价值。大数据治理对于政府来说，是推动政府治理现代化和数字化的关键，也是推动社会经济发展和民生改善的重要手段。政府大数据治理不仅关注数据的管理和应用，还涉及政府公共服务、社会管理、国家安全等多个方面。如《数据资产管理实践白皮书》中提出"数据治理作为数据管理的其中一个核心职能，是对数据资产管理行使权力和控制的活动集合（规划、监控和执行），是指导其他数据管理职能如何执行的系列活动"。中国信息通信研究院（简称信通院）在《数据治理研究报告（2020 年）》中提出"数据治理是释放数据价值的有效路径，是促进数据价值实现的重要保障"。

大数据治理的概念并非凭空出现，在其出现之前，已经有很多对数据进行统一管理的研究。依据研究年代、管理范围、数据规模等指标，这些研究可以分为四个阶段：

1）数据管理阶段（1990—2000年）。在大数据出现之前，数据管理的概念已经存在了很长时间。在数据管理阶段，主要关注数据的收集、存储、处理和访问等基础性工作。数据的安全性和一致性是重点，数据的价值和利用并没有得到足够的关注。

2）数据治理阶段（2000—2010年）。随着数据规模的不断扩大和数据价值的不断显现，数据治理成为新的关注点。数据治理最初是由Gartner于2005年提出的，当时被定义为"企业管理和控制信息资源，以提高业务价值、降低风险和合规性成本"。数据治理指的是通过合规性管理、数据质量管理、数据集成和安全管理等手段，保障数据在采集、传输、存储、处理、共享和使用等过程中的可信度、可靠性和可用性。在数据治理阶段，数据被视为组织的重要资产，需要制定相应的治理策略和管理措施。

3）大数据治理阶段（2010—2018年）。随着大数据的出现和快速发展，数据治理的概念随之演化成大数据治理。大数据治理强调的是数据治理的全过程和全方位，涵盖了数据的全生命周期管理、数据分析与挖掘等多个方面。大数据治理还注重数据的开放共享和应用创新，通过数据的集成、共享和分析，实现数据价值的最大化。

4）基于隐私保护的大数据治理阶段（2018 年至今）。随着大数据应用的不断扩展，隐私保护问题越来越引起人们的关注。联邦学习、差分隐私等隐私保护技术逐渐得到了广泛应用，各国政府开始出台隐私保护相关的法规和政策，如欧盟《通用数据保护条例》（GDPR）、我国的《中华人民共和国数据安全法》《中华人民共和国个人隐私保护法》等。公众的隐私保护意识越来越强，数据隐私保护和合规性管理逐渐成为大数据治理的重要内容。

1.3　大数据治理能做什么

大数据治理是释放数据要素价值的基础和前提，是数据要素资源优质供给的核心保障。狭义上讲，大数据治理是指对数据质量的管控。广义上讲，数据治理是对数据的全生命周期进行管控，不仅包含数据采集、清洗、转换等传统数据集成和存储环节的工作，同时还包含数据资产目录、数据标准、数据质量、数据安全、数据开发、数据价值、数据服务与应用等整个数据生命周期开展的业务、技术和管理活动。部分专家将广义的数据治理称为数据资产管理。数据治理是专注于将数据作为数据资产进行应用和管理的一套管理机制，能够消除数据的不一致性，建立规范的数据应用标准，提高数据质量，实现数据的内外部高效共享，并能够将数据作为组织的宝贵资产应用于业务、管理、战略决策中，发挥数据资产的价值。

大数据治理的目标是提高数据的质量（准确性、及时性、完整性、唯一性、一致性、有效性），确保数据的安全性（保密性、完整性及可用性），实现数据资源在各组织机构的安全共享，推进数据资源的整合与服务，从而提升企事业单位的信息化水平，充分发挥数据资产的作用。通过实施数据治理，可以让数据质量变得更好，发掘数据资产的商业价值，并实现如下目标：降低经营风险、提高安全保障；满足风险控制和外部监管要求；实现企业的持续发展，比如利用数据治理平台打通数据治理的各个环节，快速满足政府、企业各类不同的数据治理场景。

大数据治理是在国际协作、国家治理、行业监督和企业管理中，为了提升数据的质量、降低数据管理成本、保障数据安全和管控数据风险，利用各种工具和方法对公共数据、政府数据、企业数据和个人数据的采集、存储、应用和流通等一系列环节进行有效管理，主要包括法律法规、行业标准、企业制度、技术工具等。

大数据治理是带有强烈目的的实践活动，以数据为核心对象，涉及政府、企业、个人等各类参与主体，覆盖数据全生命周期中的各种过程和状态，利用各种手段和活动释放、保护数据的价值。大数据治理旨在提高多源数据的使用规范，加速各组织机构间的共享流通，促进数据资源的高效整合。也就是说，实现数据集成、数据交换、元数据管理、数据标准管理、数据质量管理、主数据管理、数据资产管理、数据安全管理以及数据生命周期管理。

具体地，**数据集成**实现跨部门数据的传输、加载、清洗、转换和整合，实现统一调度、统一监控，提高运维管理的工作效率。**数据交换**服务在若干个业务子系统之间进行数据传输和共享，提高信息资源的利用率，集数据采集、处理、分发、交换、传输于一体。**元数据管理**内置丰富的采集适配器、端到端的自动化采集、一键元数据分析，快速厘清数据资源，了解数据的来龙去脉，构建数据地图，为数据标准管理和数据质量管理提供基础支撑。**数据标准管理**提供全面、完整的管理流程及办法，建立单一、准确、权威的事实来源，实现大数据平台数据的完整性、有效性、一致性、规范性、开放性和共享性管理，并为数据质量管理、数据安全管理提供标准依据。**数据质量管理**以数据标准为数据检核依据，以元数据为数据检核对象，通过向导化、可视化等简易操作手段，将质量评估、质量检核、质量整改与质量报告等工作环节进行整合，形成完整的质量管理闭环。**主数据管理**对需要共享的数据建立统一视图和进行集中管理，为各业务系统的数据调用提供黄金数据。**数据资产管理**可以帮助我们更好地支撑各种数据的应用，支撑数据资产的多渠道应用，如数据共享、决策支持等，最终实现数据资产价值的最大化。**数据安全管理**贯穿于数据治理的全过程，提供对隐私数据的加密、脱敏、模糊化处理、数据库授权等多种措施，全方位保障数据的安全运作。**数据生命周期管理**记录数据从创建和初始存储到过时被删除的整个流动过程，对数据进行近线归档、离线归档、销毁和全生命周期监控。

1.4 大数据治理要做什么

大数据治理是一个很大的话题，主要分为两个问题，即怎样管好数据和怎样用好数据。

1. 怎样管好数据

1）**管理数据结构**。一般来说，数据主要分为元数据与主数据。元数据，即数据的数据，主要用于打通源数据、数据仓库、数据应用，记录数据从产生到消费的全过程。具体来说，元数据用于记录数据仓库中模型的定义、各层级间的映射关系，监控数据仓库的数据状态及 ETL 的任务运行状态。在数据仓库系统中，管理好元数据可以帮助数据仓库管理员和开发人员非常方便地找到他们所关心的数据，以便指导数据管理和开发工作，提高工作效率。主数据，即数据本身。基于数据仓库，进行数据的分层、数据域的划分，基于维度建模架构，制定命名规范，对需要共享的数据建立统一视图和进行集中管理等，都属于主数据管理的范围。

2）**建立数据标准（体系）**。目的是实现大数据平台数据的有效性、完整性、规范性、一致性、开放性和共享性。同时，数据标准还可以用于确定单一、准确、权威的数据来源，并为数据质量管理、数据安全管理提供标准依据。具体来说，企业需要从技术层面出发，构建合理的大数据治理技术框架，以对数据进行标准化管理，这需要建立数据安全、隐私保护、数据流转、数据管理、算法监管等技术体系，提供全面完整的数据标准管理流程及办法。而政府需要从制度层面出发，明确大数据治理的责任主体，推进法律法规、标准规范和基础设施建设，明确主体的责任和义务，构建集中统一的数据管理体系，确保大数据治理有据可依。

3）**提高数据质量**。目的在于通过特定的规则对数据的完整性、唯一性、一致性、准确性、有效性进行测试、检查、监控和告警，不断提高数据质量，从而将数据价值最大化。从细化的要求来说，需要做到减少重复数据，保证数据完整且连续，确保数据在多数据源中意义一致，防止数据过期或失效，保证数据合理准确且符合数据类型标准。从整体架构考虑，应当建立数据分级分类体系，进而基于分级分类体系和相应的算法明确数据的使用范围和使用价值，从数据可用性的角度来更好地评价数据质量。

4）**优化数据存储**。目的在于有效地降低数据爆炸式增长所带来的存储资源消耗问题，优化存储结构，节省存储成本。具体来说，应当权衡考虑时间成本与空间成本，发展相应的技术，实现数据的高效率、低成本存取，解决数据延迟、并发访问、数据丢失等存储中的问题。

5）**保护数据隐私**。在数据管理过程中往往存在着隐私泄露的风险，应提供对隐私数据的加密、脱敏、去偏、模糊化处理等多种数据安全管理措施，并贯穿数据治理全过程，全方位保障数据的安全运作。同样，这需要技术与法律的共同支持。从技术层面来说，隐私保护的研究领域主要关注基于数据失真的技术、基于数据加密的技术和基于限制发布的技术等，技术应当与时俱进、有所革新，满足不同场景的隐私性的不同要求。从法律层面来说，有关部门应制定并完善一些强制管理措施和法律以保护隐私信息。

2. 怎样用好数据

1）**加快数据流通**。只有解决"数据孤岛"问题，让数据流动起来，才能让其所携带的价值流动起来，而解决这一问题的关键在于信任机制的建立，构建起安全可控的交换共享体系与生态，用技术和管理手段使得数据流通过程可追溯，同时保证流通的高效性。如何在保持各自系统自治的前提下，通过基于信任的路由来构建数据流转网络，是当前大数据治理的难题。

2）**优化数据计算**。目的在于对大数据集群的存储资源和计算资源消耗等进行监控、管理、优化，从而降低计算资源的消耗，提高任务执行的性能与效率。这主要涉及技术层面，数据的捕获、处理、利用等相关技术应当进一步发展以适应大数据这一新场景，着力解决使用过程中的效率与成本问题。

3）**保证数据安全**。在数据使用过程中伴随着两大安全问题：一是使用过程中数据被篡改、被造假，这些不可信的数据或将导致模型性能极大下降，因此要提升数据的可信度。二是干扰数据容易造成模型走偏，因此要提高使用数据的算法的鲁棒性。与此同时，其中衍生出的模型审计问题也值得关注，对模型的安全评估、风险监测和模型审计技术进行研究，才能更好地推动大数据的使用规范安全地发展。

尽管关于大数据治理的研究已经取得了一定的成果，但是大数据治理仍然存在着技术手段和工具不够充分、标准化和规范化不够完善、法律法规和政策环境不够成熟等问题。在后面的章节中，我们将详细探讨大数据治理的关键技术路径以及深度思辨的过程。

第 2 章

大数据安全与隐私保护

　　信息化和智能化已成为现代社会经济发展的重要特征。从购物、出行、医疗到办公，信息化带来的社会变革一直在加速。数据深度服务于经济建设、社会治理和个人生活等各个方面。如今，以数字经济为重要代表的新经济已经成为社会经济增长的新引擎。数据作为核心生产要素成为基础性战略资源，在数字经济中起着举足轻重的作用。在这样一个背景下，大数据技术的出现让我们能够更加有效地处理和利用数据，但是也带来了许多新的安全和隐私问题。在数据处理所涉及的数据收集、存储、使用、加工、传输、提供、公开等环节中都面临着数据安全与隐私泄露的风险和挑战。大数据中包含大量的个人信息和敏感信息，例如个人身份、健康状况、购物习惯等，这些数据的泄露或滥用可能会对个人造成严重的影响。此外，大数据还包含商业机密和国家安全信息，因此大数据安全和隐私保护问题是一个紧迫的问题，需要各方共同努力来解决。

为了化解数据的安全与隐私之间的矛盾，大数据安全和隐私保护技术应运而生，其主要理论和技术的目标是实现"数据可用不可见"[3-5]。一方面，它能够保护数据中蕴含的隐私信息；另一方面，它能对数据进行充分的计算和处理，从而形成智能化、精准化的决策和应用。只有采用适当的技术手段和管理措施，才能确保大数据的安全，保证大数据在各个领域合法和安全地应用。

2.1 关键问题

数据的广泛使用，使得数据全生命周期的每个阶段都存在数据泄露与隐私风险。大数据全生命周期包括数据采集、传输、存储、使用和删除五个环节。

大数据安全和隐私保护的关键问题是确保大数据在处理、存储、传输和使用过程中不会泄露隐私信息和敏感数据，同时还需保证大数据处理和使用的安全性和合法性。大数据安全和隐私保护的关键问题包括以下几个方面：

1）**数据的保密性**是大数据安全和隐私保护的重

要问题。在隐私计算过程中，受保护的原始数据不会泄露给非授权用户，特别是无法在数据融合过程中利用推理等方式通过中间结果获得。大数据治理需要确保数据只能被授权的人员访问，避免数据泄露和滥用。

2）**数据的完整性**是指数据没有被篡改或损坏。在传统安全领域中，完整性指的是数据或资源的可信度，包括数据完整性和来源完整性。这里扩充完整性定义为来源完整性、数据完整性和结果完整性，即保证数据和计算结果在计算全流程中不被非法修改和破坏。大数据治理需要确保数据的完整性，防止数据被篡改或伪造。

3）**数据的可用性**是指数据可以被授权的人员访问和使用。从计算前、计算中、计算后等几个过程将可用性定义为可学习性、计算开销及可满足性。可学习性是指使用该技术完成特定场景下的特定任务之前所需准备知识的难易度。计算开销则是该技术完成特定场景下的特定任务时所付出的时间和空间资源的开销。可满足性则是该技术完成特定场景下特定任务后用户对该技术的主观评价。大数据治理需要确保数据的可用性，避免数据被意外删除或丢失。

4）**数据的追溯性**是指能够追踪数据的来源、使用和共享情况。这可以帮助识别数据泄露和滥用的来源，从而加强数据安全和隐私保护。

5）**数据的合规性**是指大数据治理需要符合各种法律法规和监管要求，包括相关的数据隐私保护法、个人信息保护法等。同时，也需要实现数据安全审计和监管，以确保大数据的安全。

为了实现这些关键特性，需要不断探索和创新，采用多种技术手段和管理措施来解决关键问题，保障大数据的安全和隐私。

2.2 可行技术路径

针对大数据安全和隐私保护中的关键问题，可以采用基于密码学、基于统计学、基于软硬件协同以及基于区块链的安全与隐私保护技术，如图 2.1 所示。

图 2.1　大数据安全与隐私保护技术分类和主流技术

2.2.1　基于密码学的安全与隐私保护技术

万物互联时代的到来，导致用户数据量的上升和服务请求复杂性的增加。而在用户本地算力较弱的情况下，将数据传输到具有强大算力的云服务器上进行运算成为当前主流的服务模式。使用密码学技术辅助实现云服务，是应对异地数据存储及计算过程中数据安全风险的有效途径，具体包括同态加密、零知识证明和安全多方计算等技术。这些技术以密码学中严格的数学理论为基础保证数据的安全性，被广泛应用于各种场景中。

1. 同态加密

在传统加密算法的场景中，无论是公钥还是对称密钥加密体制，由于掌握了密文及解密密钥，服务方才可以随时对密文解密，获取原始数据，因此，用户只有将原始数据完全暴露给服务方才能获取相应的服务，这极大地增加了数据安全风险。随着密码学的发展，**同态加密**（Homomorphic Encryption，HE）应运而生，并逐渐形成一套完整的加密体系，在大数据安全与隐私保护领域发挥着重要作用[6-8]。相对于传统加密算法，同态加密算法是一种对隐私数据的异地存储、多方协同运算等过程更加有效的保护途径。

在使用传统加密算法的场景中，用户的隐私数据受到多方面的威胁。一方面，外部攻击者可以通过病毒等方式入侵服务方系统，导致服务方的数据保护失效；另一方面，服务方的内部攻击者可以轻易实现对隐私数据的直接访问。而在使用同态加密算法的场景中，用户的隐私数据在传输、存储和计算的服务全生命周期中都处于加密状态，服务方不会接触到原始数据。同态加密从根源上消除了隐私数据泄露的风险，使用户和服务方之间建立起更加可信的交易模式。

同态加密可以被定义为，对于某种目标运算 f，如果存在一种加密算法和相应的映射运算 g，满足在加密数据上进行映射运算 g 得到的结果等价于在原始数据上进行目标运算 f 得到的加密结果，那么称这种加密算法是同态加密算法。

从算法应用的角度，同态加密的全生命周期通常包含四个步骤，即密钥生成、数据加密、密文运算、数据解密。以下以常见的公钥同态加密为例对该过程进行描述：

1）在密钥生成阶段，算法依据给定的安全参数 λ，生成私钥 sk 和公钥 pk。

2）在数据加密阶段，算法通过公钥 pk 对明文 m

加密，生成相应的密文 c。

3）在密文运算阶段，算法使密文 c 参与函数 f 的运算，生成密文运算结果 c_f。

4）在数据解密阶段，算法通过私钥 sk 对密文运算结果 c_f 进行解密，生成相应的明文运算结果 m'。

其中，密文运算过程是同态加密区别于其他加密方式的主要特征，在这个过程中对密文进行相应的计算，等价于在明文上进行加法、乘法等多种运算的结果。

从算法设计的角度，同态加密算法需要分别在**功能层面**、**语义层面**和**数据层面**满足一定的条件，以保证加密算法的规范化，同时便于我们对算法的性能进行衡量。

从**功能层面**来说，同态加密算法首先需要能够完成标准的同态运算，即**同态加密的正确性**。同态加密下的密文有两种类型，即直接使用加密算法加密的初始密文和经过密文运算函数进行计算之后得到的计算密文。同态加密的正确性要求无论针对哪种密文，只要拥有正确的密钥，均可通过解密算法将其无偏差地还原成相应的明文。

从**语义层面**来说，同态加密算法需要保证不会泄露任何有意义的信息，即**同态加密的语义安全性**。语义安全性对同态加密算法提出了两方面的要求：一方面是加密过程要有一定的随机性，即对同一消息的两次不同加密结果是不一致的；另一方面是加密过程本身的信息不会泄露，即两个不同明文对应的密文之间的对比，不会透露明文之间关联性的信息。

从**数据层面**来说，同态加密算法需要满足密文数据量在合理范围内，即**同态加密的紧致性**。紧致性要求对密文的同态加密运算不会扩展密文的长度，即任何使用者都可以执行任意一个在密文运算函数调用列表中被支持的操作，在密文空间中获得相应的密文，并且该过程不依赖于运算函数的复杂性。

数据的存储和计算安全与其拥有者的经济安全、人身安全息息相关，对隐私数据保护的研究已有很长的时间。早期的加密方法往往在原理上比较简单，但是会产生大量冗余数据，其计算复杂度较高。随着密码学领域的大量探索，在**可操作集**和**可运算次数**方面实现了突破。

总体上，依据在密文数据上运算的限制，可以将同态加密算法分为三种类型，分别是**部分同态加密**（Partial Homomorphic Encryption，PHE）[9]、**近似同态加密**（Somewhat Homomorphic Encryption，SHE）[10]和**全同态加密**（Fully Homomorphic Encryption，FHE）[11]，

见表 2.1。

表 2.1 同态加密分类

同态类型	运算类型	运算次数
部分同态加密	单一类型	无限次
近似同态加密	多种类型	部分运算无限次
全同态加密	多种类型	各种运算无限次

下面对三种同态加密算法分别进行介绍。

（1）部分同态加密

部分同态加密算法是同态加密的早期研究成果，其支持的操作类型较为单一，只能满足在加法或者乘法上的无限次运算。

对部分同态加密的研究，最早可以追溯到公钥加密算法 RSA，RSA 算法是首次被证明具有乘法同态特性的同态加密算法，这开启了部分同态加密研究的大门。自此以后，越来越多的研究者被同态加密的神秘特性所吸引，进而投入到同态加密算法的研究中，相继提出了基于不同数学困难问题的加密算法。例如，ElGamal 提出了第一个基于离散对数困难问题的 ElGamal 算法，该算法满足乘法同态的性质，并且具有语义安全性；Goldwasser-Micali 算法以合数模的二次剩余困难性假设为基础，逐位加密，能够实现对异或运算的加法同态性；Paillier 同态加密算法是目前应用最为广泛的部分同态加密算法，它基于判定合数剩余类问题的加法同态密码体制，能够支持多次同态加法运算。

部分同态加密方案虽然不允许任意次数的同态操作，但由于它的算法构造较为简单，执行效率较高，加密算法的复杂度并不高，对计算资源的需求是在三种同态加密中最低的，目前在实际工程中得到了广泛应用。

（2）近似同态加密

近似同态加密算法是对部分同态加密算法的改进，可以实现同时支持加法和乘法同态，并且可以实现无限次的部分运算，这使其适用于更多的场景。

然而在近似同态加密中，密文的大小随着每一次同态操作而增长，部分运算次数有限，此外其加密过程所产生的噪声会急剧增加，很快就达到其正确性条件的噪声安全参数上界，这对服务方所提供服务的复杂度形成限制。由于在算法设计时需要满足多种运算关系，且各种运算的数据变换之间不会相互影响，近似同态加密的复杂度比部分同态加密的复杂度要高。

（3）全同态加密

全同态加密是同态加密算法的最终形态，被誉为

"密码学圣杯"，能够同时支持同态加法和同态乘法的计算操作，并且不受限于计算次数。因此，它可以完美地实现在不解密的情况下对密文进行任意计算，同时解密后还可以还原成明文。这种特殊的性质使得全同态加密有着广泛的理论和实际应用。

全同态加密是密码学界的开放难题，直到 2009 年 Gentry 第一次提出完整的全同态加密方案，才引起学术界和产业界的关注。这一方案基于理想格的假设构造，首先基于理想格陪集问题构造了近似同态加密方案，满足低次密文多项式在计算时的同态性，再使用压缩的方法解密，降低解密过程中的多项式次数。作为最核心的技术，Gentry 创造性提出了**自举**（Bootstrapping）技术来实现全同态加密。

自举技术是一种对密文的处理方法，可在近似同态加密的基础上实现算法执行任意次数的同态操作，从而转换为全同态加密。近似同态加密中密文运算次数的限制来源于密文本身带有的噪声，噪声随着密文运算过程不断放大，当噪声超出安全阈值时就会导致解密失败。自举技术的基本思想是将一个噪声接近安全阈值的密文进行同态解密，为了不暴露明文，该解密过程被结合到同态运算的过程中，实现全同态加密运算。

Gentry 设计的全同态方案成为后续全同态加密的研究蓝图，即先构造一个只能处理有限级数的近似同态加密，之后证明该方案是可自举的，那么就可以将近似同态加密转换为全同态加密方案。一般来说，Gentry 方案被称为第一代同态加密算法。此后的研究者追随着 Gentry 的研究，相继开发出了基于带错误学习问题假设的第二、三代同态加密算法，如 BGV、BFV、GSW 以及 CKKS 等。这些方案本身具有近似同态加密的性质，进一步结合自举技术达到全同态加密。

然而，全同态加密算法的实现是三种同态加密方法中最为复杂的，且其计算复杂度较高。全同态的实现依赖于自举技术或者重线性化技术对噪声的消除，这造就了全同态的奇迹，但同时也带来了额外的计算开销。尤其是自举过程耗时极长，运算效率成为其瓶颈。在当前的研究中，由于全同态加密算法依赖的数学问题将运算限制在整数范围内，实际场景中常见的浮点数数据无法直接参与运算。对此问题最简单的解决方法是将浮点数转换为两个整数的商的形式，但这实际上仍然增加了计算开销。这也是全同态加密算法无法大规模投入云计算场景进行商用的主要原因。

总体上，对同态加密算法的实现，在保证其基本特性的基础上，除了对数学难题的依赖外，还需要在计算资源和存储资源之间进行权衡。在当前的研究中，虽然全同态加密算法被称为"密码学圣杯"，但这仍然是一个"有瑕疵的圣杯"，无法同时兼顾多方面的效率。正是这种差异性，使得我们在对同态加密算法应用的过程中需要对其应用特性进行考量。

随着同态加密的阶段性发展，算法的灵活性逐步提升，在适用范围上从"算法针对单一场景"走向"算法适用于多个场景"。但是这种提升并不是通过打破原始算法的计算限制得到的，而是通过寻找新的数学特性而得到的。加密算法灵活性提升的代价就是算法复杂度的提升，以及计算资源需求量的上升。因此，在将同态加密应用到具体场景时还需要结合算法本身的应用特性进行选择。

2. 零知识证明

在密码学领域，证明对某种知识的掌握是一个经典问题，古希腊数学家开创了一整套演绎逻辑的"证明"思想，证明者使用公理与逻辑对命题进行证明以说服提出质疑的验证者。这种证明方法成为后世的主流证明方式，然而这种传统的证明方法更加强调对于命题正确性的论证，同时在证明过程中往往会对验证者暴露部分知识所包含的信息，以辅助实现快速直接的证明。这样的证明在效率上具有优势，但是当需要证明的知识中包含隐私数据时，证明者将被迫在暴露隐私信息和增加证明难度之间进行抉择。因此，在证明的双方和环境均不可信的条件下，向对方证明自己拥有某种知识，同时在证明过程中不泄露知识相关信息的方法，是一种实现多方信息交互的具有应用价值和经济效益的途径，即**零知识证明**（Zero-Knowledge Proof，ZKP）[12-14]。

零知识证明是现代密码学中极其重要的概念，其目标在于实现一种证明协议，使得证明者无须提供目标命题的具体内容，即可向验证者证明该命题的正确性。依据零知识的思想设计安全协议，可以有效地解决许多隐私问题。根据实际应用场景的需求，设计出零知识证明方案可以有效地保护真实秘密的隐私性，证明者仅需公布秘密的零知识证明，验证者无法通过该证明推导出任何与原秘密内容相关的知识。

在零知识证明中最重要的概念就是**承诺**，Shamir等人在 1981 年引入了承诺这一密码术语，承诺是零知识证明协议构造中的重要组成部分。承诺协议是一个涉及承诺方与验证方的两阶段交互协议，其中第一阶段是**承诺生成阶段**，第二阶段是**承诺披露阶段**。在承诺生成阶段，承诺方会先选择一个明文，然后计算其承诺，并发送给验证方；在承诺披露阶段，承诺方公开明文以及在承诺生成阶段选择的相当于密钥的盲因子，验证方则可以验证公开信息与承诺方在承诺生成阶段发送过来的消息间的一致性，从而决定是否验证通过。

承诺方案有两个重要的性质：**绑定性**和**隐藏性**。绑定性是指承诺方对明文 m 进行承诺后，承诺方难以将已承诺的 m 解释为另一个不同的明文 n，也就是说任何恶意的承诺方都不能将 m 对应的承诺打开为 n 且使得验证方验证通过。承诺的绑定性使得验证方能够确信 m 与收到的承诺 m 是对应的。隐藏性则是指承诺方在验证方打开关于 m 的承诺之前，不会透露关于明文 m 的任何信息，使得验证方不知道承诺方选择的明文 m。

零知识证明是证明者向验证者证明某命题的方法，不泄露任何其他信息即可让验证者确认某命题为真。零知识就是指验证者除了对论断判断的结果之外，无法获取任何额外信息。零知识证明主要是作为一种辅助技术为多种技术方案提供基础技术支撑，可以结合其他技术针对实际应用场景实现多种功能。比如安全多方计算融合了零知识证明技术以保护计算参与方的隐私，区块链使用零知识证明技术验证交易规则。近年来区块链与隐私计算等技术的快速发展使得作为底层基础的零知识证明技术备受关注，各大科技公司与研究机构逐步拓宽零知识证明系统的应用场景与理论技术创新，获得了丰富的成果。

完整的零知识证明协议需要同时满足**完备性**、**正确性**和**零知识性**三方面性质，以保证零知识证明过程中不存在数据安全风险。对各性质的解释如下：

完备性是指验证者难以欺骗证明者。也就是说，如果证明者知道某命题的论断结果，则证明者很容易找到方法向验证者清楚地证明该结果的正确性，即验证者无法假装不相信该结果。

正确性是指证明者难以欺骗验证者。也就是说，如果证明者不知道某命题的论断结果，则证明者难以让验证者相信自己知道该结果的正确性，即证明者无法假装自己掌握了未知的知识。

零知识性是指验证者仅能获知命题为真，无法获取任何额外的知识。也就是说，如果能通过仅计算已知知识就得到证明者与验证者交互的所有信息，则验证者并未获得除已知知识以外的其他知识。

零知识证明实质上是一种涉及两方或更多方的协议，即两方或更多方完成一项任务所需采取的一系列步骤。零知识证明的内容主要是通过密码算法实现的，实际上，许多密码学技术的设计思想皆实现了零知识证明，例如哈希函数，因为其单向性、弱抗碰撞性和强抗碰撞性，使其天生符合零知识证明的性质，易于生成与消息知识对应的哈希值证明。根据单向性，难以通过哈希值反向计算出消息，保护了消息内容的隐私性；根据弱抗碰撞性与强抗碰撞性，难以找到另外一条消息与该条消息具有相同的哈希值，难以找到哈希值相同的两条不同的消息，有效防止了证明者伪造知识。此外，公钥加密系统中私钥与公钥的对应关系也可作为知识向第三方进行零知识证明，私钥无须公开，仅公开公钥与数字签名作为证明，经过多轮验证，就能够让第三方认可证明者知道公钥与私钥的对应关系。

根据证明过程中证明者是否需要验证者提供若干个随机数对所提供的承诺进行挑战，可将零知识证明分为**交互式零知识证明**（Interactive Zero-Knowledge，IZK）[15-16]与**非交互式零知识证明**（Non-Interactive Zero-Knowledge，NIZK）[17-19]，下面对两种零知识证明分别进行介绍。

（1）交互式零知识证明

如果不需要验证者提供若干个随机数来挑战，则为交互式零知识证明。具体来说，证明者若想通过交互的方式向验证者证明自己知道某种知识，而在交互的过程中不泄露该知识的任何信息，则可以设计一种证明者与验证者之间具备零知识性的交互证明过程。

目前常用的交互式零知识证明协议的设计思路是将密码学技术融合到实际的交互流程中，以保证知识的隐私性和证明的完备性、正确性与零知识性。例如使用离散对数求解难题、哈希函数等理论和技术实现数据的隐私保护与验证机制，证明者与验证者大多依此交互密态数据以实现零知识证明的功能。早期的零知识协议大多是使用交互式的执行方案，仅能针对特殊的应用场景需求提出解决方案，例如利用非对称加密实现身份认证，该过程需要证明者与验证者的多轮交互以完成证明流程。此外，由于实现零知识证明所使用的技术存在计算上的限制，交互式零知识证明的交互次数往往受到限制，即验证者仅能在有限的交互次数中对知识进行验证，具体来说，该交互次数上界表现为安全参数的线性变换值。

（2）非交互式零知识证明

通过上文可知，交互式零知识证明协议的使用存在诸多不便。在实际应用中，无法保证验证者与证明者的交互次数上界是符合线性多项式的。对于通过任意 NP-hard 语言实现的交互式零知识证明，证明效率较低。在区块链这样的大规模交互场景下，交互式零知识证明甚至成为不可用的方法。因此，通过无交互的方式，将证明系统以及证明相关的参数一次性交付给验证者，给验证者足够的空间自行实现对知识的验证，成为一种较为理想的零知识证明协议实现方法，即非交互式零知识证明。具体来说，证明者和验证者之间不进行交互，证明所需信息由证明者生成后直接传递给验证者，验证者可以独立完成对知识的证明。

非交互式零知识证明的概念由 Blum 等人在 1988 年首次提出，并给出可行的非交互式零知识证明方案，在该方案中，验证所需的交互过程被交付给第三方机构进行，该机构提供了一种共享随机询问比特来代替交互过程配合验证者对知识进行验证。非交互式零知识证明协议作为重要的发展方向适用于广泛的应用场景，例如零币中的匿名交易。相比交互式零知识证明所采取的挑战、应答等方式，非交互式零知识证明直接提供证明并用于验证。

总体上，在大数据安全与隐私保护的应用中，零知识证明主要是通过保护实体或多方节点的身份或内容的隐私，解决许多实际场景中的安全问题。另外，零知识证明还广泛应用于大量特定的安全协议的设计中，如身份认证、电子现金、电子投票、组签名等。

从本质上讲，零知识证明也是一种协议，即两个或两个以上的参与者为完成某项特定的任务而采取的一系列步骤，不同的两方交互则组成了多参与者场景下的零知识证明。零知识证明可以帮助大数据安全与隐私保护实现隐私数据的"可用不可见"，即仅将原始数据对应的零知识密文公开作为原始数据的证明，证明不仅可以用来证明原始数据的存在，也可以用于实际的运算过程中，任意方难以通过该证明反推出原始数据的真实值。使用零知识证明的思想设计隐私计算协议或系统，可以在不泄露隐私数据明文的情况下实现隐私计算，并且证明可以公开、计算、验证。同态加密在某种程度上实现了零知识证明的思想。同态是原始数据与同态密文的对应关系，并且该同态密文满足零知识证明的多种特性要求，可以用来实现隐私数据的零知识证明。

3. 安全多方计算

随着计算机系统的发展与变迁，集中式计算逐步发展为分布式计算。然而，分布式计算模式下因参与实体的恶意行为而导致的输入隐私泄露或计算结果不正确等问题，对数据的保密性提出了新的要求。**安全多方计算**（Secure Multiparty Computation，SMC）为此提供了一种基于密码学的解决方案，在不泄露隐私数据的前提下，使多个非互信的参与方进行高效联合计算[20-22]。安全多方计算协议先将参与方的输入转化为不可识别的数据再执行计算，使得其他参与方无法得到除计算结果之外的其他信息，利用理想 / 现实范式为输入隐私提供可证明的安全保证，确保即使在不同威胁模型下，参与方和计算方也能遵循协议完成计算任务并获取计算的输出结果。

安全多方计算源于图灵奖获得者姚期智于 1982 年提出的百万富翁问题，即如何在不泄露各自财富值的情况下比较两个百万富翁谁更富有。如果存在一个可信的第三方机构，富翁们可以将自己的财富告诉这个第三方，由第三方比较出结果再告知所有人。此时，百万富翁问题迎刃而解。上述解决方案的关键在于可信的第三方能够公正地比较且不会泄露富翁的财富数目。然而，在现实中很难找到可信的第三方。安全多方计算为上述问题提供了基于密码学的解决方案。

安全多方计算的目标是允许一组互不信任的参与方在不共享各自数据且没有可信的第三方的情况下，以各自的秘密为输入联合计算一个约定函数，保证各个参与方仅获得自己的计算结果。安全多方计算面向多用户场景，在没有可信的第三方帮助的情况下，对各方的输入数据联合计算某个多项式时间可计算的函数。最后，各个参与方都可以获得正确的输出值，由于参与方既不能获得除自己外与其他参与方隐私输入相关的任何信息，也不能获得除自己的计算结果之外的任何信息，因此各参与方的隐私得以保护。

安全多方计算考虑的场景是多个互不信任、相互独立而又相互通信的计算设备协作计算关于各方秘密输入的函数。在协作计算过程中，可能存在某些参与方通过执行恶意行为来破坏协议的正常运行，企图获取其他参与方的秘密信息或使其产生不正确的计算结果。安全多方计算中引入敌手来形式化这种恶意行为，将被恶意敌手控制的参与方称为被腐化参与方，未被控制的参与方称为诚实参与方。由于敌手只能通过影响安全多方计算各方的输入来影响输出结果，因此安全多方计算的研究重点在于如何设计安全的协议，使得在敌手攻击下，参与方按照协议约定提供隐私输入，计算方执行特定计算，各参与方最终得到正确的计算结果。

对于一个完整的安全多方计算协议，为了保证其安全性，通常需要满足五方面的性质，即隐私性、正确性、输入独立性、输出可达性和公平性，对各性质的解释如下：

隐私性是指任何参与方除了知道各自的输入、输出信息外，不能获取其他额外的信息。

正确性是指如果协议正常执行，那么各个参与方在协议执行完成后将获得各自正确的输出。

输入独立性是指各个参与方必须独立选择其输入。

输出可达性是指敌手不能妨碍诚实参与方获得自己的正确输出。

公平性是指当且仅当诚实参与方获得自己的输出时，被腐化参与方才会获得自己的输出。

通过使用一些密码学原语构建协议，安全多方计算在数据的保密性和共享性之间提供了有效的解决措施。安全多方计算本质上提供了一种构造安全协议的思想，在实现时还需要结合使用混淆电路、秘密共享、不经意传输等技术，它们为安全多方计算协议的构造提供支撑。

混淆电路（Garbled Circuit，GC）协议最早由姚期智提出，通过使用随机密钥来掩盖电路门的真实输入与输出，为参与方输入和中间计算结果提供强有力的隐私保护 [23]。作为安全多方计算的基石协议，混淆电路协议从电路层面描述计算任务，具有很强的通用性。由于任意多项式时间可计算的函数都可以被转化为布尔电路的形式，因此混淆电路协议的重点在于解决电路门的计算问题。

作为安全多方计算的基础组件之一，**秘密共享**（Secret Sharing, SS）最初是为了解决密钥管理问题而提出的[24]。传统的密钥保存方法是把密钥交由一个人保管，但这种做法存在很多漏洞。当密钥持有者泄露了密钥时，整个系统的安全性就会被攻击者破坏。而当密钥持有者不小心遗失或损坏了密钥时，会导致系统可用性下降或者完全丧失可用性。一种较为安全的做法是将密钥分发给多个人管理，在使用时由密钥持有者共同解密。

在安全多方计算协议中，想要实现隐私性，一个参与方的输入一定不能直接被其他参与方获得，**不经意传输**（Oblivious Transfer，OT）技术同样能够实现参与方输入的隐藏。不经意传输是安全多方计算协议的重要构造模块，它使得接收方能够不经意获得发送方输入的某些信息，从而保护发送方和接收方的隐私。安全多方计算和 OT 在理论层面是等价的，给定 OT，可以在不借助任何其他密码学原语、不引入其他任何额外假设的条件下构造安全多方计算。类似地，可以直接应用安全多方计算构造 OT。

通过以上功能组件，我们可以构建出可行的安全多方计算协议。依据构建协议时的出发点，安全多方计算协议可以分为**通用协议**和**专用协议**，其中通用协议从协议本身的安全性出发进行构造，而专用协议面向实际场景的需求进行构造。

（1）通用协议

通用协议一般能解决任意场景中的计算问题，如**姚式协议**、**切分选择**和**云辅助计算**等[25]。

姚式协议以混淆电路技术为基础，使用秘密共享和不经意传输作为基本组件，在不泄露双方隐私信息的情况下完成计算。尽管该协议的通信复杂度较高，但其通信轮数是常数级别，且与电路的深度无关，这些良好特性使得姚式协议成为安全多方计算中最经典的协议。

姚式协议的计算复杂度取决于电路中逻辑门的数量，也就是生成混淆表的个数（或解密计算的次数）。对于单与门布尔电路，仅需生成一个混淆表即可完成计算。但在实际应用中，布尔电路通常由大量的电路门组成，计算拓扑极为复杂。生成者需要将布尔电路中的所有线路生成 0 标签和 1 标签，为每个电路门生成混淆表。而计算者需要利用 OT 协议获取自己输入对应的线路标签，并按照计算拓扑顺序依次对途经的电路门对应的混淆表逐个解密。在完成解密计算后，生成者和计算者仍需要进行几轮交互来确定最终的明文计算结果。

姚式协议及其优化方案只能抵抗半诚实敌手的攻击，恶意敌手可以采取任何策略破坏协议，获得其所期望的结果。为了抵抗此类攻击，可采用零知识证明来验证协议中每一步执行的正确性，从而保证参与方严格遵循协议执行。此时协议需要大量的交互来完成证明，效率十分低下，并不适用于大规模的计算任务。目前，通常使用**切分选择**（Cut-and-Choose）技术来检查混淆电路，其主要思想是由生成者生成很多能实现的混淆电路，而计算者只验证其中一部分，若存在错误电路，则认为生成者是恶意的。

虽然存在多种技术用于构建通用的安全多方计算协议，但它们目前是计算密集型的，这导致安全多方计算仍然不适用于实际场景。主要原因在于大部分参与者受其持有的移动设备资源限制，无法完成如此庞大的计算任务。可使用外包技术将计算任务中最昂贵的部分外包到云服务器上，即**云辅助计算**。具体来说，通过选择一个或多个云服务器，以密文或秘密共享的方式，将其数据上传到云服务器。同时，云服务器作为计算节点运行协议。

借助云服务器强大的计算能力，此类安全多方计算协议在资源受限的参与方之间进行混淆电路的安全外包生成和评估，从而减少参与方所承担的计算任务。通过允许各方安全地将其计算外包给云提供商，云服务器辅助安全多方计算为通用协议实现了计算资源充足程度和云服务器可信程度的平衡。

（2）专用协议

专用协议针对特定场景进行设计，相比通用协议其效率较高，如隐私集合求交和隐私信息检索。特定的应用场景可以直接使用专用计算函数，也可以将其作为基础模块来构建其他应用程序。

考虑这样一种场景，当用户注册使用一款新的应用时，通常想要了解哪些手机联系人已经注册了同样的应用。为了隐私保护的需要，可以使用隐私集合求交（Private Set Intersection，PSI）来发现相同的联系人。将用户的联系人信息作为一方的输入，将服务提供商的所有用户信息作为另一方的输入，执行隐私集合求交协议即可完成联系人发现功能，同时，防止交集以外的信息泄露给任何一方。隐私集合求交的目标是允许一组参与方联合计算各自输入集合的交集，但不泄露除交集之外的任何额外信息。

用户能够访问公开数据库来检索最新信息，但是半诚实的数据分析者可以追踪用户的查询记录，来推断用户的隐私信息。为了保护隐私，当用户进行信息检索时，需要从服务器下载整个数据库，然后以本地方式检索自己想要的数据。这种情况不仅通信开销较大，而且无法保护数据库的安全，在实践中几乎是不可行的。

隐私信息检索（Private Information Retrieval，PIR）是一种安全多方计算协议，能够在用户的私有信息不被泄露的情况下，完成信息检索的功能。隐私信息检索分为信息论的隐私信息检索（Information Theoretic PIR，IPIR）以及计算性的隐私信息检索（Computational PIR，CPIR）两种。信息论的隐私信息检索假设攻击者拥有无限的计算能力，通过利用信息论的编码技术，在多个数据库服务器中维护多份数据库的副本来构造出隐私信息检索模型。计算性的隐私信息检索假设攻击者的计算能力限制在多项式时间内，通过一些困难问题来设计隐私信息检索方案，使得服务器无法在多项式时间内获得查询信息从而实现隐私信息检索。

2.2.2 基于统计学的安全与隐私保护技术

近年来随着统计学的发展，研究者逐渐开始利用统计学特征、机器学习技术以及人工智能技术等来保护用户的安全和个人隐私等，具体包括通过协作式训练来保护隐私的联邦（机器）学习、提供可证明的框架的差分隐私技术、降低个体识别风险的匿名化技术以及提供统计保证的机器遗忘学习技术。这些技术能够在统计意义上保护用户的安全和隐私，同时能够兼顾数据的可用性，在实际的使用场景中有着广泛的应用。接下来将对上述技术进行详细阐述。

1. 联邦学习

传统隐私计算方法通过在中心存储的数据集上采用加密或者扰动机制来实现安全可靠的数据发布与挖掘，然而这些方法奏效的前提是需要多个参与方将私有数据汇聚到中心服务器进行统一管理。但往往由于商业限制以及法律法规的约束，数据不能轻易地移交给其他第三方服务器，因此导致数据孤岛现象。为有效地应对上述情况，联邦学习（Federated Learning）技术 [26-27] 在不传输本地原始数据的前提下通过协同服务器与多个本地模型进行联合优化，进而聚合多个本地模型的中间参数来得到全局较优的模型，因而能从根源上缓解用户的隐私保护问题并且能够保持模型优越的预测性能，其具体的流程和框架如图 2.2 所示。

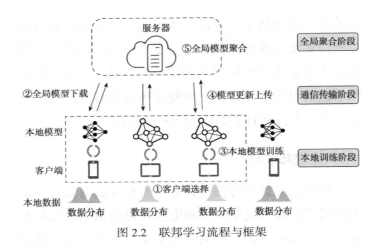

图 2.2　联邦学习流程与框架

典型的联邦学习模型通常包含以下步骤：

1）服务器选取客户端参与本轮的模型训练更新过程。

2）客户端从服务器下载最新的全局更新模型参数。

3）客户端根据下载的模型参数使用自身数据集训练本地模型。

4）经过几个时间段的本地训练后，客户端将训练好的本地模型参数信息上传至服务器。

5）服务器对收集到的本地参数信息进行全局聚合，生成最新的全局模型。

联邦学习作为近年来具有潜力的机器学习技术，

最早由谷歌公司为解决安卓设备的更新问题而被提出。根据原始数据的分布规律，主要的联邦学习模式有横向联邦学习和纵向联邦学习两种。横向联邦学习场景是指当两个组织间的数据用户重叠较少，而用户特征重叠较多时，把数据集按照横向（即样本维度）切分，并取出双方用户特征相同而用户不完全相同的部分数据进行训练；纵向联邦学习场景是指当两个组织间的数据用户重叠较多，而用户特征重叠较少时，把数据集按照纵向（即特征维度）切分，并取出双方用户相同而用户特征不完全相同的部分数据进行训练。

　　另外，根据参与方类型的不同，还可以将联邦学习分为跨设备联邦学习（Cross-Device Federated Learning）[28]和跨筒仓联邦学习（Cross-Silo Federated Learning）[29]。在跨设备联邦学习中，参与方主要是使用安装了同一个应用程序的计算能力有限的物联网边缘设备。谷歌的 Gboard 移动键盘，苹果的 QuickType 键盘和"Hey Siri"等都是跨设备联邦学习的典型应用。在跨筒仓联邦学习中，参与方主要是具有较强计算能力的大型组织或企业。不同的组织，例如银行和电商企业可以联合构建风控模型，或者不同的医院之间合作共同训练一个疾病预测与治疗模型。在实际应用中，无论是跨设备联邦学习还是跨筒仓联邦学习，均需要解决三个方面的异构性问题，包括数据异构性、设备异构性和模型需求异构性。其中，数据异构性是指参与方数据分布存在差异；设备异构性是指参与计算的设备在算力和通信条件，以及可靠性等方面的差异；模型需求异构性是指不同参与方需要更加适用于自身数据的模型，而不是公共模型。

在数据方面，参与方的数据类型与机器学习的数据类型相同，可以是结构化、半结构化和非结构化的多源异构的数据。同时，联邦学习的各个参与方的数据分布可以是独立同分布（Independent Identically Distributed，IID）和非独立同分布（Non-Independent Identically Distributed，Non-IID）。数据独立同分布是指在计算时，参与方的数据分布在统计上与在整个数据集（所有参与方的数据）上采样获得的数据分布是一致的。然而，数据非独立同分布的情况相对复杂，可以有许多种类型，并且现实中的数据非独立同分布可能同时存在多种不同类型。参与方数据非独立同分布又称为统计异构性，比如特征分布偏斜和标签分布偏斜。

在设备方面，跨设备联邦学习的参与方可以是分布在不同区域的具有一般计算能力的小型物联网设备。然而这些小型设备在计算过程中受限于无线网络信号、计算能力以及电源续航能力的强弱，在计算时存在随时掉线的可能性。跨筒仓联邦学习的参与方设备主要是不同组织或机构的大型数据中心。通常可能有不同组织或机构参与计算，并且不会主动退出联邦学习，具有较高的可靠性。参与计算的中央服务器一般是可信第三方提供的具有一定计算能力的服务器。无论是跨设备联邦学习还是跨筒仓联邦学习，由于中央服务器和参与方在物理空间上通常位于不同的区域，因此，在通信时对传输效率和网络带宽要求较高。

在模型需求方面，由于联邦学习侧重于通过提取所有参与方的公共知识来实现高质量的全局模型，因此模型可能无法捕获参与方的个性化信息，导致参与方在使用全局模型进行推理时的表现下降。此外，联邦学习要求所有参与方就协同训练的模型结构等达成一致，这在现实复杂的物联网应用场景中是不切实际的。因此，各个参与方期望能够获得一个更加适应与本地应用需求的个性化模型，以及个性化的隐私预期。

通用的联邦学习训练框架为：首先服务端下发模型参数进行本地模型初始化与训练，其次客户端发送中间梯度到服务器端，再次服务器端聚合客户端的参数并更新全局模型，最后下发最新参数并更新本地模型。在此我们假设以多轮通信来执行同步的更新方案，假设联邦学习系统中的 K 个客户端集合为 $\mathcal{K} = \{1, 2, \cdots, K\}$，其中服务端的全局模型表示为 $f(w)$，第 k 个客户端的本地模型表示为 $f_k(w)$，其通过利用各自的私有数据进行局部训练，第 k 个客户端的私有数据表示为 $\mathcal{D}_k = \{x_k^j, y_k^j\}_{j=1}^{n_k}$，其中 x_k^j 表示第 j 个数据样本的特征，y_k^j 表示第 j 个数据样本的标签，n_k 表示客户端的样本数量。为了达到高效的训练目的，我们只选择部分比例的客户端进行更新，即在每轮更新前初始化客户端集合的随机选择比例 C，然后客户端将全局模型的参数状态进行下发，每个被选中的客户端根据下发的全局模型以及私有数据进行 E 轮迭代次数的局部训练，随后上传各自的最新参数供服务端进行聚合更新，上述更新过程执行 T 轮直到模型收敛。其中，服务端的全局模型 $f(w)$ 具体表示为多个客户端模型的聚合形式：

$$\min_{w \in R^d} f(w), \text{ 其中}, f(w) = \frac{1}{n} \sum_{k=1}^{n} f_k(w)$$

其中，d 表示模型参数的特征维度；n 表示参与的客户端数量，$n = C/K$。对于典型的机器学习问题，我们定义损失函数为 $L_k(w) = l(x_i, y_i; w)$，如果是分类任务一般为交叉熵损失函数，回归任务一般为平方损失函数，通过在本地执行梯度下降优化算法来获得最优解。后续联邦学习的前沿进展基本都是围绕上述公式展开的，比如如何更好地聚合本地模型、如何更好地挑选具有代表性的客户端以及设计不同的个性化客户端模型等。

在实际应用中，联邦学习通过满足隐私政策知情同意、数据最小化和结果发布匿名化三个隐私原则为参与计算的各个客户端提供隐私保证。

隐私政策知情同意是隐私保护的基础，参与计算的各个客户端需要了解联邦学习过程中服务器是如何采集、使用本地数据的，并且只有在客户端同意的情况下服务器才能执行涉及隐私的操作。

联邦学习的实现机制满足数据最小化原则，主要通过服务器仅收集实现特定计算所需的必要数据、即时聚合、短暂存储中间结果以及仅发布最终结果的方式实现。在集中式学习模式下，服务器将各个客户端的数据进行汇聚以备计算使用。在这一过程中，服务器倾向于存储更多的数据，即使某些数据并不会在其业务实现中使用。然而，收集的数据越多，隐私泄露的风险也就越大。为了保护各个客户端的数据隐私，联邦学习在数据不离开客户端且服务器无权访问客户端数据的情况下，仅将从数据中提炼出的中间结果发送至服务器，不会上传任何有关客户端及其数据的额外信息。这些从数据中提炼出的中间结果可以是模型更新或者分析统计结果，也可以是对数据编码或者添加噪声之后的信息。

联邦学习在服务器接收到客户端上传的计算中间结果后立即执行聚合操作，然后将客户端发送的本地计算结果和聚合结果删除，并不会对其进行持续存储。在计算完成后，联邦学习仅对模型需求方发布最终的计算结果，不会发布计算过程中的任何中间信息。

值得注意的是，实现即时聚合、短暂存储中间结果以及仅发布最终结果需要一个完全可信的第三方。然而，不仅"诚实但好奇"（Honest-but-Curious）的服务器可以通过一定的方式推理出客户端的数据信息，甚至"诚实但好奇"的客户端也可以通过一定方式推理出其他客户端的数据信息。因此，联邦学习依然存在着隐私威胁，并不能够提供完全的隐私保护，需要与其他的隐私计算方法联合使用，以进一步保证数据最小化原则。

联邦学习的数据最小化强调如何处理数据和执行计算，而结果发布匿名化则强调如何对外发布计算结果。我们需要保证攻击者无法从聚合结果中推断出客户端的隐私信息。为了实现这一目标，我们可以将联邦学习与差分隐私结合使用，以确保发布结果的匿名性。

综上所述，联邦学习的隐私保证实际上包含两个层面：一是联邦学习自身可以直接提供一定的隐私保护能力；二是联邦学习需要结合其他的隐私增强技术进一步增强隐私保证。

另外，随着联邦学习技术的逐渐成熟，研究者们逐渐设计出一系列关于联邦学习的创新成果，比如FedAVG、FedSGD、FedProx 与 FedRep 等，这些工作推动了联邦学习技术的发展与应用落地。这些工作主要围绕着解决联邦学习的异构性问题展开，例如缓解统计异构性和设备异构性问题，进一步提高联邦学习的收敛速度，降低参与方和服务器之间的通信开销；缓解参与方模型需求异构性，实现可依据参与方特点定制模型的个性化联邦学习方法[30-31]。

上述方法的主要应用场景为计算机视觉领域，近年来随着联邦学习技术的逐渐成熟，研究者逐渐设计出一系列关于联邦学习在自然语言处理以及推荐系统领域的工作。接下来简要介绍联邦学习在大数据领域具体应用中的安全和隐私保证，在这里重点介绍基于联邦学习范式的推荐系统[32-33]。当前主流推荐模型的训练框架首先收集所有用户的个人信息到集中存储的中心服务端，然后在中心服务端统一训练推荐模型，最后生成对于每个用户的个性化推荐结果。然而，用户上传的行为数据往往包含大量的个人敏感信息，因此集中式训练的模式会存在潜在的隐私泄露风险与安全隐患。另外，由于用户对于个人隐私的担忧，大多数人们不乐意将自己的原始数据进行上传，因此导致集中式的训练模式缺乏足够的训练数据而使得模型预测性能下降。基于以上两种原因，联邦推荐系统成为近年来研究的重点。

基于联邦学习范式的推荐算法通过在服务端与客户端之间的协同训练来达到预期的推荐性能，同时能够保留用户的原始记录在本地进而达到保护用户隐私的目标。具体地，每个客户端在进行本地模型训练的前期工作主要是收集各自的行为数据，其中主要包含用户的显式评分数据（比如用户对物品的评分与评论数据）以及隐式反馈数据（比如对物品的点击、喜欢以及收藏数据等）。后续模型更新详细步骤为：

1）服务端下发全局推荐模型到客户端。

2）客户端利用本地交互数据进行局部模型训练并更新本地模型。

3）客户端将待更新的模型参数或者中间参数上传

到中心服务端。

4）服务端聚合来自本地客户端的模型参数或者中间参数。

上述步骤进行多轮迭代直至全局模型收敛，然后利用本地模型进行推理预测。基于联邦学习的推荐算法框架与传统的联邦学习框架类似，其将每个用户看作一个客户端，用户所产生的个人行为数据（比如浏览历史、点赞收藏历史等）保存在本地，通过与中心服务端进行协同优化，最终达到个人原始数据不出本地而进行有效训练的目的。不同之处在于推荐系统涉及的客户端众多，因此选择哪些客户端进行更新是其主要面临的挑战。另外，推荐系统本地客户端存储的数据不同于传统的视觉数据，其不仅存在数据异质性的问题，还存在数据稀疏、长尾分布以及冷启动用户（物品）等复杂情况。

因此基于联邦学习的推荐系统会面临更多更严峻的挑战。根据以上步骤，研究者针对其中涉及的每个部分进行了更进一步的研究，研究的方向主要包括：如何有效挖掘符合实际场景的异质数据，如何挑选有代表性的本地模型参与训练，如何在服务端进行更加有效的参数聚合，如何减少通信成本并保证模型收敛，以及如何实现参数传输过程中的隐私保护问题等。基于以上研究问题，可以将主流的算法分为基础联邦学习推荐算法框架、基于效率增强的联邦推荐算法、缓解异质性的个性化联邦推荐算法、基于性能增强的联邦推荐算法以及基于隐私增强的联邦推荐算法，希望以此建立一个全面的联邦学习推荐系统。

其中，基础联邦学习推荐算法框架旨在针对特定数据形式设计基础的联邦推荐算法，比如 FCF、FedRec等；基于效率增强的联邦推荐算法旨在提高模型的训练和收敛速度以及减少通信开销，比如 FedFast、FCF-BTS 算法等；缓解异质性的个性化联邦推荐算法旨在提高数据在不同分布下的联合建模能力，以此缓解数据异质性带来的性能弱化，比如 HPFL 算法；基于性能增强的联邦推荐算法旨在利用去噪技术、正则化项等技术弥补联邦学习机制带来的性能弱化，主流算法包括 FedRec++、FedCF 等；基于隐私增强的联邦推荐算法旨在提高联邦学习在协同优化过程中可能遭受的梯度泄露攻击，比如利用差分隐私机制来提高隐私保护能力的 LDP-FedRec 算法以及结合密钥共享机制的FedMMF 算法。

通过对基于隐私保护的联邦推荐算法进行调研，发现当前的研究成果已经在一定程度上保护用户敏感数据的隐私安全的同时保障了推荐模型的预测精度，但仍然存在如下的研究难点与热点：

1）激励机制旨在建立一个公平高效的平衡机制使得各参与方能够持续地参与到联邦学习的全生命周期中，以此最大化集合体的全局效用且最小化各参与方的局部损失与训练成本。不同于其他联邦学习应用场景，联邦推荐系统中的客户端代表真实的用户个体，因此如何评估每个用户的模型训练贡献以及如何设计高效的调度算法以此持续激励用户进行数据共享和提供客户端算力是目前具有潜力的研究方向。

2）联邦推荐系统的冷启动挑战。冷启动问题是指新用户或者新物品在进入既有系统时存在的交互数据稀缺的情况。集中式推荐模型的冷启动问题已经形成较为全面的研究体系。然而，由于联邦推荐系统场景下的冷启动问题更具有挑战性，比如如何在资源受限的联邦设置下融合并建模更多有效的附加信息来缓解终端用户的数据稀疏问题，因此当前的研究工作还处于初级阶段。

3）联邦推荐系统的异质性挑战。异质性在传统联邦学习设置中已经进行广泛的研究，主要体现在数据异质性与模型异质性方面。在联邦推荐系统场景中由于参与方为真实的用户个体，使得异质性更加具有挑战性，比如个人行为数据存在严重的特征偏斜情况以及所参与的用户设备数量众多且设备各异等问题，因此如何在联邦学习框架下细粒度地建模数据异质性以及模型异质性是目前联邦推荐系统领域的主要挑战。

4）联邦推荐系统的实时性挑战。实时性是保障机器学习系统能够稳定部署在真实场景中的重要指标，其主要体现在模型的更新周期以及部署效率上。集中式推荐模型由于可以在计算能力以及存储能力更强的服务器端完成实时的模型训练以及线上更新，使得用户兴趣能够及时被推荐模型捕捉。然而联邦推荐系统在集中式推荐模型挑战的基础上还要重点关注模型参数在服务端与用户终端间的上传与下载的传输时延等复杂情况，因此如何提高模型参数的传输效率以及优化本地模型的更新机制以此来提高联邦推荐系统的实时性有利于进一步改善联邦推荐场景的用户体验。

2. 差分隐私

在传统密码学的进程中，没有具体的方法能够确保某种机制的绝对安全，只能通过不断地更新与修复来抵御新的攻击。现代密码学的出现为人们带来了希望，借助于形式化定义和精确的假设，人们可以通过严格的数学推导获得绝对可靠的安全保障。在隐私计算发展初期，隐私保护方法和隐私攻击手段此起彼伏。

人们开始设计一种可证明的隐私框架，用来量化和管理统计过程中累积的隐私风险。在历经三年的积淀后，差分隐私（Differential Privacy）终于在 2006 年宣告诞生，并在此后的数年间迅速发展壮大，成为社会各界普遍认可的隐私标准[34-35]。

差分隐私使得针对敏感数据的统计分析和机器学习成为可能，任何人的参与只会对计算结果产生微小的影响，因而也只会受到有限的伤害。换言之，潜在的攻击者难以从已发布的统计信息中推断出任何个人的敏感属性，甚至也无从知晓某条数据是否被使用。差分隐私是为统计算法定制的数学保证，这一保证包含威胁模型和隐私目标两部分。威胁模型用于假定攻击者的能力，而并不限制攻击者的策略（即攻击者如何使用其能力）。隐私目标则明确了算法所能阻止的攻击。差分隐私的强大之处在于，其假设攻击者具有任意的辅助信息和计算能力，并确保攻击者无法从输出结果中还原任何个人信息，从而抵御追踪（又称重识别）和重建等逆向推断攻击。

作为形式化的隐私定义，差分隐私为算法的设计、分析和比较提供了便利。如果某种算法可以被证明满足差分隐私，那么就不必担心其输出结果会揭示个人信息。反之，则必然存在隐私泄露。我们也可以随时将一种算法替换为另一种算法，而只要确保隐私预算相同，原有的隐私保障就不会改变。此外，某种算法的局限并不意味着差分隐私的失败。任何声称差分隐私无法提供更高效用的说法，都必须建立在没有任何算法可以实现给定精度目标的证明之上。尽管差分隐私算法具有相当大的灵活性，但不确定性的增加必然会造成统计效用的损失。一种简单的办法是不断提升样本容量，从而使差分隐私噪声所造成的误差远小于系统的固有误差（如抽样误差）。如何缓解统计隐私和效用的紧张关系是差分隐私研究的核心问题。

差分隐私并没有对攻击者的背景、算力和策略进行限制，这意味着即便攻击者拥有无限的辅助信息和计算资源，他们最终也无法攻破差分隐私算法。攻击者甚至无法增加任何隐私损失。在不接触原始数据的前提下，任何使用差分隐私算法输出作为输入的函数仍然满足差分隐私。差分隐私继承了 Kerckhoff 原则，只有随机种子需要保密，而隐私算法和参数的公开并不影响其所提供的隐私保证。这种透明性首次将隐私与效用的权衡取舍置于众目之下，既能帮助政策制定者做出科学合理的决策，也能强化人们对所用隐私技术的理解、信任与监督。

令 X 为包含所有可能取值的数据全集，则数据集

X'可以看作由X中元素所构成的多重集，记为$X' \in X$。对于两个数据集$X, X' \in X$，我们将对称差的势作为二者之间的距离，即$d(X, X') = |X \Delta X'|$。若$d(X, X') \leqslant 1$，则称X与X'为相邻数据集，记为$X \simeq X'$。机制$\mathcal{M}: X \to Y$用于返回查询的结果。作为一种随机算法，其将数据集X映射为任意类型的输出$\mathcal{M}(X) \in Y$。为简化分析，我们将输入X视为固定量，而将输出$\mathcal{M}(X)$视为随机变量。差分隐私要求参与者的个人数据对查询结果的影响尽可能小。换句话说，针对相邻数据集X和X'，机制$\mathcal{M}$的输出$\mathcal{M}(X)$和$\mathcal{M}(X')$应具有相似的概率分布。下文将给出差分隐私的严格定义，给定$\epsilon \geqslant 0$，对于所有相邻数据集X和X'及所有事件$E \in Y$，若

$$P\big[\mathcal{M}(X) \in E\big] \leqslant \mathrm{e}^{\epsilon} \cdot P\big[\mathcal{M}(X') \in E\big]$$

则称随机算法$\mathcal{M}$满足ϵ-差分隐私。可以发现，差分隐私提供了最坏情况下的隐私保证，其面向所有的相邻数据集和所有可能发生的事件。隐私保护的程度由概率分布的相似性决定，后者以乘法方式进行度量，并通过参数ϵ加以控制。若$\epsilon = 0$，则不论X如何改变，$\mathcal{M}(X)$的分布必须始终相同。此时，差分隐私等价于完善保密，无法提供任何有用结果。若$\epsilon = \infty$，则

$\mathcal{M}(X)$ 与 $\mathcal{M}(X')$ 的分布可以完全不同，即差分隐私无法提供任何有效保护。根据差分隐私的定义可以得出其满足凸性、后处理封闭性、群体性以及可组合性等性质，这些性质是复杂算法设计与分析的理论基石。

接下来将重点介绍基于加性扰动的差分隐私实现机制，加性扰动通过添加显式的噪声将确定算法转换为随机算法，进而实现差分隐私。差分隐私通过引入全局敏感度（Global Sensitivity，GS）的概念，来刻画输入数据的变化对查询结果的最大影响。对于任意查询 $q: X \to R$ 的全局敏感度定义为 $\mathrm{GS}(q) = \max_{X,X'} |q(X) - q(X')|$。全局敏感度给出了一个上界，即为了掩盖任何个人的贡献，加性扰动必须引入多大程度的不确定性。显然，不同的查询 q 将会产生不同的全局敏感度。全局敏感度越高，保护隐私所需要的随机性也就越多，而查询结果的误差也就越大。针对添加何种分布的噪声，差分隐私要求输入数据的变化对输出分布的改变不超过 e^{ϵ} 倍，这无疑令服从指数族分布的噪声受到青睐。具有代表性的选择是拉普拉斯分布 $\mathrm{Lap}(\mu, b)$（又称双指数分布），其概率密度函数为

$$f_w(w \mid \mu, b) = \frac{1}{2b} \exp\left(-\frac{|w - \mu|}{b}\right)$$

式中，μ 为位置参数，b 为尺度参数。顾名思义，拉普拉斯机制使用服从拉普拉斯分布的随机噪声对查询结果进行加性扰动，噪声的尺度 b 将由全局敏感度 GS(q) 与隐私预算 ϵ 共同决定。

差分隐私作为一种可证明的隐私框架，能有效降低学习中泄露敏感数据的风险。直观地说，使用差分隐私训练的模型不应受到其数据集中任何单个训练样本或小批量训练样本的影响。基于差分隐私机制的随机梯度下降方法（DP-SGD）便是这一背景下衍生出来的一种保护训练数据隐私性的新机制[36]。它改进了深度学习中非常流行的小批量随机梯度下降，是中心差分隐私在机器学习领域中的一类典型应用。相较于传统随机梯度下降方法，基于差分隐私机制的随机梯度下降方法具有更严格的隐私损失上界，这是通过追踪更为详细的隐私损失高阶矩实现的。其具体的实现机制为在利用梯度信息更新模型参数之前，首先对梯度进行梯度裁剪，使其梯度满足 L_2 范式，并将单一样本对差分隐私保证的影响限定在预定义的裁剪阈值内，目的是限制模型参数对单一样本的敏感度以及因梯度过大造成的模型发散。随后在进行裁剪后的梯度上施加满足特定分布的噪声以此来保护梯度信息的隐私信息。

3. 匿名化技术

匿名化技术发展的初衷主要是为了在数据利用的过程中降低个人隐私风险，因此它包含了不同的匿名化方法，例如泛化、压缩、分解、置换以及干扰等，这些方法相应地会存在不同程度的风险，有的相对容易被攻击复原，有的难度较高，有的甚至几乎不可能被复原。而从近年来各国个人数据保护法对于匿名化的理解看，法律语义下的匿名化相较于技术语义下的匿名化较为狭窄。根据个人数据保护法对个人数据的界定的反向推导，法律语义下的匿名化数据至少要满足两个标准：一个是仅从该数据本身无法指向特定的个人；另一个是即使结合其他数据也无法指向特定个人。

匿名化技术是指在数据发布阶段，利用预处理技术实现对于数据敏感字段标识符的移除，比如姓名、地址以及邮编等私有信息，从而无法通过特定数据确定到具体的个人。自 1997 年美国学者 Samarati 和 Sweeney 提出 K-匿名（K-Anonymity）模型后，目前已发展出许多成熟的技术解决方案。但简单的匿名化技术无法防御去匿名化攻击，比如 Netflix 大赛正是利用外部电影知识库来进行去匿名化进而泄露用户隐私的。后续发展起来的其他匿名技术的目的就是防范简单的去匿名化攻击，使得数据集中至少存在多个相似的记录，以此实现对于单个数据记录在整个数据集上的不可区分性。后来研究者在 K- 匿名模型的基础上又提出了基于泛化和隐匿技术的改进版 K- 匿名隐私保护模型。为了解决 K- 匿名模型属性泄露问题，研究人员提出了 L- 多样性（L-Diversity）模型。另外，为了提高 L- 多样性模型的灵活性，人们开始设计个性化的隐私保护模型。后续研究者针对多样性模型的不足进一步提出了 T- 近似（T-Closeness）模型。在众多的匿名化隐私保护模型中，K- 匿名、L- 多样性模型以及 T- 近似模型是最经典的三种隐私保护模型，后续许多模型都是以其为原型进行优化和改进而产生的。

K- 匿名模型是指对数据进行泛化处理，使得有多条记录的准标识列属性值相同，这种准标识列属性值相同的行集合称为相等集，相同准标识符的所有记录称为一个等价类，K- 匿名模型要求对于任意一行记录，其所属的相等集内记录数量不小于 K，至少有 K−1 条记录标识列属性值与该条记录相同。当攻击者在进行链接攻击时，对任意一条记录攻击的同时会关联到等价组中的其他 K−1 条记录，从而使攻击者无法确定与用户的特定相关记录，从而保护用户的隐私。K- 匿名模型实现了以下几点隐私保护：攻击者无法知道攻击对象是否在公开的数据中；攻击者无法确定给定的某人是否有某项敏感属性；攻击者无法找到某条数据对应的主体。K-匿名在一定程度上避免了个人标识泄露的风险，但依然有着属性泄露的风险，攻击者可通过同质属性及背景知识两种攻击方式攻击用户的属性信息。K-匿名模型在实施过程中随着K值的增大，数据隐私保护增强，数据的可用性会随之降低。

L-多样性是指如果一个等价类里的敏感属性至少有L个"良表示"的取值，则称该等价类具有上述多样性的性质。如果一个数据表里的所有等价类都具有L-多样性，则称该表具有L-多样性。其中"良表示"有三种形式：

1）可区分良表示。同一等价类中的敏感属性要有至少L个可区分的取值。

2）熵良表示。记S为敏感属性的取值集合，$P(E,s)$为等价类E中敏感属性取值s的概率，基于熵的L-多样性要求下式成立：$\text{Entropy}(E) = -\sum_{s \in S} P(E,s)\log P(E,s) \geq \log l$。

3）递归良表示。设等价类E中敏感属性有m种取值，记r_i为出现第i次取值的频次，如果E满足

$r_1 < c(r_l + r_{l+1} + \cdots + r_m)$，则称等价类具有递归良表示。

L- 多样性解决了属性泄露问题，但它只是用来衡量相等集不同属性值的数量，并没有衡量不同属性值的分布，所以仍存在不足之处，比如当数据集中敏感信息分布差异较大时，敏感属性即使保证了一定概率的多样性，也很容易泄露隐私。

T- 近似是指如果等价类 E 中的敏感属性取值分布与整张表中该敏感属性的分布的距离不超过阈值 T，则称等价类满足近似性质。如果数据表中所有等价类都满足 T- 近似，则称该表满足 T- 近似。T- 近似能够抵御偏斜型攻击和相似性攻击，通过 T 值的大小来平衡数据可用性与用户隐私保护程度。T- 近似由于其标准要求较高，在实际应用中也存在不足，比如 T- 近似只是一个概念或者标准，缺乏具体标准的方法来实现。另外 T- 近似需要每个属性都单独泛化，这无疑加大了属性泛化的难度及执行时间。再者 T- 近似隐私化实现起来困难且以牺牲数据可用性为代价。

实现上述匿名化技术的技术手段主要包括泛化技术、抑制技术、聚类技术、分解技术、数据交换以及扰乱等技术。其中，泛化技术通常将准标识符的属性用更抽象、概括的值或区间来进行代替。泛化技术实现较为简单，泛化分为全局泛化和局部泛化两类。全局泛化也称为域泛化，是将准标识符属性值从底层开始同时向上泛化，一层一层泛化，直至满足隐私保护要求时停止泛化。局部泛化也称为值泛化，是指将准标识符属性值从底层向上泛化，但可以泛化到不同层次。单元泛化及多维泛化是典型的局部泛化。单元泛化只对某个属性的一部分值泛化。多维泛化可以对多个属性的值同时泛化。

抑制技术又称为隐藏技术，即抑制（隐藏）某些数据。具体的实现方法是将准标识符属性值从数据集中直接删除或者用诸如"*"等不确定的值来代替原来的属性值。采取这样的方式可以直接减少需要进行泛化的数据，从而降低泛化所带来的数据损失，保证相关统计特性达到相对比较好的匿名效果，保证数据在发布前后的一致性、真实性。聚类技术是将数据集按照一定规则进行划分从而形成不同组，同一组中的对象彼此相似，它们构成一类，也称为簇，与其他组中的对象相异。分解技术是在不修改准标识符属性和敏感属性值的基础上采用有损连接的方法来弱化两者之间的关联。

数据交换是按照某种规则对数据表中的某些数据项进行交换，首先将原始数据集划分为不同的组，然后交换组内的敏感属性值，使得准标识符与敏感属性之间失去联系，以此来保护隐私。扰乱技术是指在数据发布前通过加入噪声、引入随机因子及对私有向量进行线性变换等手段对敏感数据进行扰乱，以实现对原始数据改头换面的目标。这种处理方法可以快速地完成，但其安全性较差，且以降低数据的精确性为代价，从而影响数据分析结果，这种处理手段一般仅能得到近似的计算结果。

4. 机器遗忘学习

记忆是人脑对经历过事物的识别、保持、再现或者再认的一种动作。作为一种基本的心理过程，它是人类学习、工作和生活的基本技能。记忆的丧失称作遗忘，存在记忆便存在遗忘。人们往往希望拥有一份好的记忆力，以便能记住生活中的种种信息作为经验，来减少因陌生而带来的恐惧。然而，一般情况下生物的记忆不是永久的，遗忘是一种常态。对于机器学习模型而言，模型的表现在很大程度上取决于（记忆）来自第三方提供的数据。然而由于模型本身计算过程较为复杂且解释性较差，使得在原始机器学习的框架下精确地遗忘（或者删除）请求数据及贡献成为一个具有挑战性的问题。

数据删除（遗忘）的全流程包含可以唯一标识用户数据的身份验证机制、不因存储结构推理数据信息的存储方式以及删除原数据和依赖数据[37-39]。其中，机器遗忘只强调在删除过程中如何处理依赖数据，是数据删除全流程的一环，属于删除过程中处理依赖数据的一种高效方法。机器遗忘强调删除指定数据后的模型与从未观察到该数据的模型无法区分，而不涉及对索引方式、存储结构的要求。考虑数据集 $D = x_1, \cdots, x_m$ 为一个由 m 个数据点组成的集合，每个数据点 $x_i \in R^n$。基于数据集 D，算法 $\mathcal{A}(\cdot)$ 为一种基于输入数据集 D，在某些假设空间 H 和元数据空间 M 中取值的算法。$\mathcal{A}(D)$ 为在原始数据集 D 上训练的模型，$\mathcal{A}(D_{-i})$ 为在原始数据集 D 除去数据点 x_i 后训练的模型，$R_{\mathcal{A}}(D, \mathcal{A}(D), i)$ 为在模型 $\mathcal{A}(D)$ 中遗忘数据点 x_i 后的模型。如果对于所有的 D 和 i，$\mathcal{A}(D_{-i})$ 和 $R_{\mathcal{A}}(D, \mathcal{A}(D), i)$ 满足：

$$\mathcal{A}(D_{-i}) = R_{\mathcal{A}}(D, \mathcal{A}(D), i)$$

则称删除数据贡献的操作 $R_{\mathcal{A}}(\cdot)$ 是精确机器遗忘。

机器遗忘学习（Machine Unlearning），在机器学习中也称为选择性遗忘或数据删除，是指根据训练模型的要求消除训练数据特定子集影响的过程。以往关于机器遗忘学习的研究可分为两类：近似机器遗忘学习和精确机器遗忘学习。其中近似机器遗忘学习为数据删除提供了统计保证，因此也称为统计遗忘学习。其基本思想是放松对精确删除的要求，也就是说，它只提供了一种统计保证，即遗忘学习模型无法与从未在被删除的数据上训练过的模型区分开来。它们通常采用基于梯度的更新策略来快速消除要求删除样本的影响。例如，有研究学者提出了不同的牛顿方法来近似重训练凸模型的结果。再就是消除需要删除的样本对基于影响函数的模型的影响。与精确遗忘法相比，近似遗忘法通常效率更高。然而，它们的保证是概率性的，因此很难应用于非凸模型，如深度神经网络。

精确机器遗忘学习的目的是确保请求数据完全从学习的模型中删除。早期的工作通常旨在加速简单模型或某些特定条件下的精确遗忘学习问题，比如基于留一法交叉验证的支持向量机、聚类算法下的高效数据删除方法以及支持快速数据删除的基于统计查询学习的贝叶斯方法等。关于精确机器遗忘学习最近的代表作是 SISA。该算法是一个比较通用的框架，其关键思想可以抽象为三个步骤：一是将训练数据分成几个不相交的分片；二是在每个数据分片上独立训练子模型；三是汇总所有分片的结果，进行最终预测。通过这样的方式，只要对受影响的子模型进行再训练，就可以有效且高效地实现精确遗忘学习。随后，研究人员将这一思想应用到图的精确机器遗忘学习中，并改进了对于数据集进行随机切分的算法。

机器遗忘的本质是量化所请求删除数据的贡献并将其移除或替代，以达到删除后的模型与重新训练后的模型近似或不可区分。对于特定的结构化模型（如线性回归、决策树），可以利用这些结构特性来量化请求数据的贡献并执行相应的删除操作。对于线性模型而言，通过简单的后处理就可以消除单个数据点对一组参数的影响。对于深度神经网络而言，通常缺乏明确的结构来划分数据的贡献，因此在设计深度学习模型算法时，应考虑到如何为将来可能的删除需求提供便捷的响应方式。下面介绍模块化策略来量化深度学习模型中数据的贡献，并将其移除或替代。

以树结构为启发，最直接的量化策略是模块化策略。模块化策略的主要思想是将数据集切分成多个不相交的模块，使一个数据点只包含在一个模块中。然后，分别在这些模块上独立地训练多个模型，一个数据点只对该数据点所在模块训练出的模型负责，这就限制了数据点对相应模型的影响。在删除阶段，当一个删除请求到达时，只需重新训练该数据所在模块上的模型即可解释对请求数据的删除。由于模块的规模比整个训练数据集小，该策略可以有效地降低模型遗忘的时间。此外，对于每个模块上的数据还可以进一步分割成多个子模块以提高模型遗忘过程中重构模型的效率。具体来讲，在训练各个模型时，不是直接利用整个模块上的全部数据，而可以参考增量学习的思想，逐步利用模块中部分数据，并在每一次增量学习的过程前都保存模型的状态。在接收到特定数据的删除请求时，模型所有者不需要重新训练全部数据，而是在包含特定数据的模块内，定位到在使用特定数据之前的模型参数，继续完成重构模型的训练。因此，通过对模块进行切片，可以在牺牲额外的存储空间的代价下进一步降低模型遗忘的时间。在预测时，可以使用不同的策略来聚合各个模型的预测结果得到最后结果，其中最简单的策略是对预测标签的多数投票。后续对于机器遗忘学习的改进工作主要侧重于如何对原始数据进行合理划分以及如何对多个子模型进行自适应聚合等方向。

2.2.3　基于软硬件协同的安全与隐私保护技术

随着用户对网络依赖程度不断增加，常规操作系统的开放性和复杂性使得用户信息安全得不到保障，用户的隐私泄露严重，数据在存储、传输、计算过程中都存在风险。可信执行环境（Trusted Execution Environment，TEE）是一种软硬件结合的隐私计算技术，通过硬件隔离的方法，将常规执行环境（Rich Execution Environment，REE）和可信执行环境隔离开，将机密信息在可信执行环境中进行存储和处理，从而保护系统内部代码和数据的机密性和完整性，该环境比常规操作系统有更高的安全性。

可信执行环境通过时分复用CPU或者划分部分内存地址作为安全空间，建立隔离执行环境，保护其内部的代码和数据的机密性和完整性。在可信执行环境中，芯片等硬件技术与软件协同对数据进行保护，同时保留与系统运行环境之间的算力共享，用于部署计算逻辑，处理敏感数据。可信执行环境作为解决隐私问题的关键技术，支持对隐私数据的安全存储隔离、安全传输和数据删除，同时能够实现隐私计算的功能。

可信执行环境是在常规执行环境外建立的一个隔离的执行环境，用于机密数据的安全运行。一个由常规执行环境和可信执行环境共同构成的系统，通常包含软件和硬件资源，这些软硬件是使系统具有安全特性的保证。常规执行环境和可信执行环境组成的双执行环境系统架构如图 2.3 所示，两个环境之间的软硬件资源是相互隔离的，在系统执行过程中需要通信和调度。

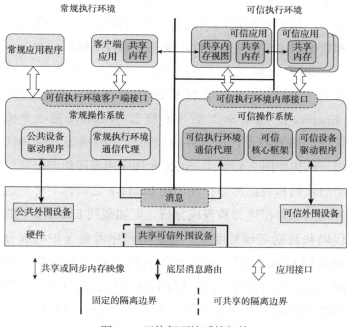

图 2.3　双执行环境系统架构

目前较为成熟的可信执行环境技术主要有：Intel SGX 和 ARM TrsutZone[40] 等。

Intel SGX 是 2013 年 Intel 公司推出的 TEE 技术，

它是 Intel 处理器上的一系列扩展指令和内存访问机制。SGX 着眼于为用户提供一个应用程序可信的执行环境，它以硬件安全为强制性保障，不依赖于固件和软件的安全状态，通过一组新的指令集扩展与访问控制机制，实现不同程序间的隔离运行，从而保障用户关键代码和数据的完整性与隐私性不受恶意软件的破坏。

为了达到这一目标，SGX 使得应用程序可以在内存中创建一个受保护的执行区域，又称飞地（Enclave），这是 SGX 的核心概念。Enclave 是一个被保护的内容容器，用于存放应用程序的敏感数据和代码，结构如图 2.4 所示。SGX 允许应用程序指定需要保护的代码和数据部分，在创建 Enclave 之前，不必对这些代码和数据进行检查或分析，但加载到 Enclave 中的代码和数据必须被度量。当应用程序需要保护的部分加载到 Enclave 后，SGX 保护它们不被外部软件所访问。Enclave 可以向远程认证者证明自己的身份，并提供必需的功能结构用于安全地提供密钥。用户也可以请求独有的密钥，这个密钥通过结合 Enclave 身份和平台的身份做到独一无二，可以用来保护存储在 Enclave 之外的密钥或数据。

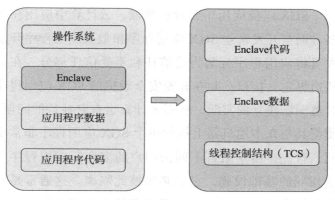

图 2.4 Enclave 结构图

一个 SGX 应用程序的典型执行过程如下：

1）应用程序被分为两部分：可信部分和不可信部分。

2）不可信部分负责启动可信部分，运行起来的可信部分成为 Enclave。Enclave 运行在受保护的内存中。

3）不可信部分可以通过调用 Enclave 的可信函数，将执行权限转移到 Enclave。

4）Enclave 内部可以访问其代码和数据，并执行相应功能。

5）Enclave 可信函数返回，执行权限转交给不可信部分，但 Enclave 的数据仍然在受保护内存中。

6）不可信代码继续执行。

SGX 广泛应用于云计算领域。云计算中应用在许多方面与开发常规 SGX 应用程序相似。应用程序开发人员将应用程序分割为受信任和不受信任部分，在信任边界定义接口，并在开发安全敏感的 SGX 应用程序时遵循已建立的实践。然而云计算也有它独特的问题，使得其与在本地机器上执行单个 SGX 应用程序非常不同。首先，由于来自不同云用户的多个云应用程序共享相同的基础设施，它们必须彼此隔离。这通常是使用虚拟化来完成的，可能还需要结合使用容器。尽管 SGX 在设计时考虑到了虚拟化，但同时需要获得云平台管理程序的支持。针对流行的开源 Xen 和 KVM 管理程序的补丁已经存在，而且云提供商正在为他们自己的管理程序添加虚拟化 SGX 支持。由于容器共享底层主机操作系统，所以在容器内支持 SGX 的问题较少。容器只需要访问 SGX 设备，并能够与运行在主机上的 SGX 守护进程通信。如果设置正确，则可以在容器内启动 SGX 应用程序，而不会出现问题。

ARM TrustZone 是 ARM 公司提出的对嵌入式设备提供安全保护的技术。它通过特殊的 CPU 模式提供了一种独立的运行环境。与其他硬件隔离技术类似，TrustZone 将整个系统的运行环境划分为可信执行环境和普通运行环境两部分，并通过硬件的安全扩展来确保两个运行环境在处理器、内存和外设上的完全隔离。

支持 TrustZone 技术的 ARM 处理器有两种不同的处理模式：普通模式和安全模式。处理器的两种模式都拥有各自的内存区域和权限。在普通模式下运行的代码无法访问安全模式拥有的内存区域，而安全模式下运行的程序则可以访问普通模式下的内存。当前处理器所处的模式可以用安全配置寄存器（Secure Configuration Register，SCR）的 NS 位来判断，而这个寄存器的值只能在安全模式下进行修改。

Trust Zone 广泛应用于智能手机、智能电视以及物联网领域。苹果公司首先应用了 TrustZone 技术，如今，几乎所有的移动设备都配置了可信执行环境。各个移动设备厂商在 TrustZone 的基础上，纷纷提出了自家可信执行环境的具体实现。这些可信执行环境在移动设备上实现的最重要的一个功能就是身份认证功能，比如密码、指纹、人脸等认证技术。另一个重要功能是移动支付功能，安全性要求极高。

伴随着智能设备的不断发展，实现丰富功能的同时，保护用户数据安全的措施也在不断改进。可信执行环境在很大程度提高了移动设备的安全性，并且效率高，用户交互性也很好，成本较低，因此已经成为这些设备中的一部分。随着用户对安全性追求的提高，移动设备可信执行环境的发展也是大势所趋。

可信执行环境具有隔离机制、算力共享、业务开放等特点，适用于以下大数据应用场景：

1）计算逻辑相对复杂，通过算法层面的隐私保护技术难以取得较好的效果，或者会使计算效率严重下降。

2）数据量大，数据传输和加密解密的成本较高。

3）性能要求较高，要求在较短时间内完成运算并返回结果。

4）需要可信第三方参与的隐私计算场景。

5）多个参与方之间进行数据共享和协作计算，存在参与方之间恶意攻击的可能。

其中常见的具体应用场景有大规模数据的联邦分析以及数字资产保护等。

1. 大规模数据的联邦分析

在数字化社会的发展过程中，多方联合进行大规模的数据分析是一个重要的发展趋势。在多方数据联合和协作的过程中，各方都希望输入的原始数据的隐私信息能够得到充分保护，在数据不出本地的情况下，使用隐私计算的方法解决更加基础的统计分析，实现数据的可用而不可见。

在这种类型的场景中，可以在不同参与方之间部署分布式的可信执行环境节点网络，从而实现数据的隐私计算。各方通过部署在本地的可信执行环境节点从数据库中获取数据，并通过一个基于可信执行环境可信根生成的加密密钥对数据进行加密，该密钥通过多个可信执行环境节点协商产生，仅在各节点的可信执行环境安全区域内部可见。加密后的数据在可信执行环境节点网络间传输，并最终在一个同样由可信执行环境节点组成的计算资源池中，然后在可信执行环境中进行数据的解密、求交和运算。在运算完成后，可信执行环境节点仅对外部输出运算结果，而原始数据和计算过程数据均在可信执行环境内部就地销毁。

通过可信执行环境技术实现的多方数据联邦分析，既能够满足多方数据协作共享的需求，也能够充分保护各方之间原始数据可用而不可见。相比其他的分布式计算或纯密态计算的方案，基于可信执行环境的方案具备更强大的性能和算法通用性，能够在涉及大规模数据或对性能有一定要求的场景中达到更好的效果。

2. 数字资产保护

随着数字化转型的发展，数据作为一种资产在企业间共享和流通已经是大势所趋。然而数据作为一种数字资产，具备可复制、易传播的特性，如何在数据资产共享和交易过程中保护数字资产的所有权，成了推动数据生产要素市场化需要解决的首要问题之一。

可信执行环境技术可以与区块链技术进行结合，在参与方进行数据共享和交易时，有效确保数据所有权和数据使用权的分离和保护。所有数据资产通过数据指纹在区块链中存证，通过区块链的交易记录来追溯和监管数据所有权的变更。当数据使用权和所有权发生分离时，所有数据的使用过程必须在可信执行环境内部发生，通过对运行在可信执行环境中的程序可信度量值的存证，数据的所有者可以确定数据使用者仅在双方约定的范围和方式内使用数据，当计算过程完成后，原始数据将在可信执行环境内部销毁，保障数据所有权不会因使用者对原始数据的沉淀而丢失。

在可信执行环境和区块链技术的结合下，数据交易过程的安全、可信和公平可以得到更好的保障，数据权属的划分可以更加明确，从而让数据生产要素成为一种真正可流通的资产，促进数字化社会对于数据生产要素潜能的充分激活。

2.2.4 基于区块链的安全与隐私保护技术

隐私策略是对隐私控制的能力，主要指针对数据中被暴露内容的感知能力，包括数据处理和验证，防止隐私被侵犯。本节将介绍基于区块链的隐私保护技术和智能合约技术。

1. 区块链

区块链具有匿名性、防篡改、可追溯、去中心化和公开透明的特点，是数据安全和隐私的有力保证[41-42]。

1）匿名性是指由于区块链网络中的交易是基于账户地址的，通过账户地址无法获知节点的真实身份，所以区块链具有匿名性的特点。这种匿名性是由非对称加密算法保证的。非对称加密算法由 Bailey W. Diffie 和 Martin E. Hellman 于 1976 年提出，开启了密码学的新研究方向。它有两个密钥：公钥和私钥。顾名思义，公钥需要向网络公开，私钥由自身保管，公钥用来加密，私钥用来解密。在区块链中进行交易时，双方仅需要公布自己的账户地址。以以太坊为例说明账户地址的生成过程。首先，生成 256 位随机数作为私钥。然后，将私钥转化为 Secp256k1 非压缩格式的公钥，即 512 位的公钥。再使用哈希运算 Keccak256 计算公钥的哈希值，转化为十六进制字符串。最后，取十六进制字符串的后 40 个字母，开头加上前缀 0x，以太坊地址就产生了。

2）防篡改指一旦数据信息被验证通过写入区块并加入区块链中，就无法被修改。区块链中的区块是由链式数据的结构进行存储的，除了第一个区块（创世区块）之外，每一个区块都指向前一个区块。每个区块都由区块头和区块体组成，区块头包含父区块哈希值、挖矿难度值、时间戳、Nonce 和默克尔树根等信息，区块体包含交易的列表。由于每个区块都包含父区块哈希值，可通过该哈希值快速验证父区块是否被篡改。区块的任何一个字段发生变化，都会影响区块的哈希值。如果攻击者企图篡改一笔交易，需修改该区块之后的所有区块，这会消耗大量的算力。同时，由于区块链系统是多节点维护的，每个全节点都存储着完整且最新的数据结构，因此，如果篡改数据，需要至少修改 51% 的全节点所存储的数据。由于区块链网络中的区块数量和全节点数量都很多，因此区块链中的数据难以被篡改，由此保证了防篡改的特性。

3）可追溯指区块链上的任何一笔交易都有完整记录，可以查询与某一状态相关的全部交易记录。这种特性也是由链式数据结构保证的。通过链式结构，能够从任意一个区块追溯到创世区块。

4）去中心化指网络中没有中央服务器，每个节点的地位都是平等的。区块链通过 P2P 技术（P2P 网络）

实现了去中心化。P2P 网络是指由区块链全节点组成的网络，是一种全分布式的拓扑结构，节点之间互相广播收到的信息。在区块链网络中交易从某个节点产生，该节点将消息广播到相邻的节点，相邻的节点再继续广播，一传十十传百，最终传播到全网。每个节点都遵守相同的密码学规则和少数服从多数的原则，共同验证并记录全网的交易数据，因此可以避免单个节点宕机带来的损失。

5）公开透明是指由于区块链是一个公开的分布式账本结构，每个账户里的资产、交易记录都是全网公开的，因此每一个全节点都存储着完整的数据结构。

区块链技术具有防篡改性，可分布式存储，非常适合用于防范和处置非法集资场景。在事前监测阶段，发现疑似风险信号随时固定证据；在事中调查阶段，可以保证地方金融监管者在执法过程中的信息，如后台数据、约谈录音、位置信息等实现上链存储、不可篡改。同时保证一旦企业进入司法审判程序，获取的电子化证据依法依规。

2. 智能合约

智能合约是一种旨在以信息化方式传播、验证或执行合同的计算机协议。智能合约允许在没有第三方的情况下进行可信交易，这些交易可追踪且不可逆转。通俗地说，智能合约就是一种把我们生活中的合约数字化，当满足一定条件后，可以由程序自动执行的技术[43-45]。

智能合约最早是作为执行合约的计算机化交易协议被提出的，在初期只是等于传统的脚本，而区块链的出现使智能合约得以发展和广泛应用。区块链具有防篡改和可追溯的特性，使智能合约一旦部署，则不可更改且内容可查询可验证，即使合约发布者也不能修改，这保证了智能合约按照预定义的策略自动执行，因此，智能合约实现了隐私策略。同时，对智能合约的所有操作均上传到区块链，因此所有记录均可审计，区块链赋予智能合约增强的可用性和完整性。另外，智能合约不需要可信第三方，由分布式网络节点共同验证，这些特性也加强了对隐私策略的监管能力。

智能合约一般包括三个基本属性：协议、形式化和执行。

1）协议主要是智能合约的技术实现，当参与双方制定协议时，需要记录下来作为合约的证据，合约双方承诺的实现取决于多个因素，其中最重要的是合约履行期间的交易本质。

2）形式化由于智能合约的形式化一般指的是数字

形式，这意味着合约能够被写入计算机形成计算机可读代码，参与双方一旦达成协定，智能合约就会在此台计算机上通过网络来实现并执行。

3）执行指当智能合约在一台计算机上部署下来，参与双方达成统一后，合约就会自动按照代码一步一步执行，在此过程中，任何人都不能篡改协议的内容，或反悔。

智能合约是策略执行的一个关键技术，利用智能合约的自动执行使输入数据按照既定逻辑执行，可保证执行结果的正确性和可信性。调用智能合约的交易记录都上传到区块链，保证了计算结果的可审计和防篡改。

在隐私策略创建和制定过程中，智能合约的编程语言作为一种正式的语言来准确描述执行规则，参与方可根据策略要求编写智能合约代码，使代码逻辑符合参与方的期望。在实现策略执行的目标时，智能合约的内容就是将对输入数据和输出结果的处理规则进行描述和转化，将规则通过编程语言转化为机器可用的形式。区块链作为策略实施点，具有可用性、完整性、可审计和防篡改等特性，运行在区块链上的智能合约获得了这些特性，而不再等同于传统的合约脚本。此时，智能合约的合约脚本一旦被部署则一直存在于

P2P 网络中，长期运行且难以被篡改，任何人都不能更改脚本，这保证了策略规则的有效性。当参与方调用智能合约时，只要调用行为满足触发条件即可自动执行合约内容。智能合约在执行策略规则时具有强制力，即使没有可信第三方，也能够执行各方之间的策略，使执行规则可以被遵守和有效实施。具体来说，当交易发起时，智能合约首先验证该交易是否符合执行条件，只有符合条件的交易才能被执行，共识节点进行搜集、排序和打包交易，然后进行挖矿。挖矿成功后进行全网广播，节点收到交易后执行交易并写入数据库，完成交易存储。

　　智能合约能够确保隐私规则得到遵守和实施，因此，智能合约符合策略执行的要求。但是，智能合约在实现策略执行时也有需要改善的地方，比如，区块链的交易对所有的网络节点都是公开透明的，这导致智能合约在实现隐私策略时，不是将数据和计算过程披露给参与方和计算方，而是公开给所有节点。为解决这个问题，可以将智能合约与其他隐私计算技术结合（如安全多方计算、可信执行环境），实现对隐私数据的选择性披露。

第3章

大数据管理与数据流转

3.1 关键问题

数据共享流通是大数据时代数据的显著特性。数据作为重要的生产要素，随着供应链、价值链而共享流通，其价值不断被激发。围绕数据价值发挥，加快前沿数据技术融合和技术突破，成为《要素市场化配置综合改革试点总体方案》《关于构建数据基础制度更好发挥数据要素作用的意见》等一系列国家层面战略规划的共同关注重点。另外，数据的价值遵循梅特卡夫法则，即网络节点越多，每个节点的价值就越大，"增值"以指数关系不断变大。由此可见，要使数据价值最大化，需要促进数据的高效共享流通。

然而，数据的高效共享流通通常呈现出跨领域、跨层级、跨主体等"跨域"特征，由此产生"数据孤岛"——数据难以实现跨域高效流通。"数据孤岛"现象十分普遍，从跨国企业数据业务协作挑战，到跨省市医保互认困难，再到跨境数据交易中数据标准不一，"数据孤岛"问题普遍存在于政务、教育、医疗、商业、娱乐、社交等各行各业，严重影响了数据价值的释放。因此，要促进数据共享流通，就需要打破"数据孤岛"，这直接促进了**跨域数据管理**的研究。

传统的数据管理主要局限在单一企业、业务、数据中心等内部，利用数据库等计算机技术，高效地对数据进行获取、存储、处理和使用。然而，数据要素高效共享流通的巨大需求正迫使数据管理从面向和限定于单域的孤立服务发展到跨域的共享与协同服务的阶段，也直接催生了跨域数据管理的巨大需求。与以数据库为代表的传统数据管理技术相比，跨域数据管理需要解决新的研究挑战，也由此产生了新的关键研究问题，具体表现为三个方面，如图 3.1 所示。

1. 标识问题：多方互认的数据访问体系与技术

由于数据本身的可分割性、无形性、非消耗性等特点，如何标识流通过程中的数据成为数据高效有序流通的瓶颈。数据流通的跨域特性剥离了传统依赖于业务系统的数据标识体系。传统的数据应用场景中，

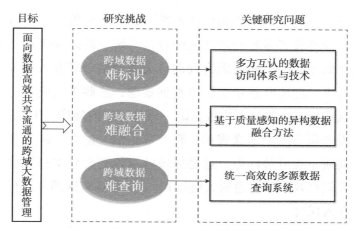

图 3.1　面向数据高效共享流通的跨域大数据管理的关键研究问题

数据的使用往往具备统一的管辖域，因此具备统一的标识体系，并且数据与使用的业务场景相互配合，围绕业务场景能够有效地标记数据的全生命周期。然而，在数据共享流通的场景下，标识不再局限在统一的管辖域或者信任域中，而是脱离业务场景成为独立存在的对象。因此，迫切需要一套以数据为中心的多方互认的数据访问体系与技术。3.2 节将对这部分进行深入探讨。

2. 融合问题：基于质量感知的异构数据融合方法

数据管理跨越多个数据管辖域，这些数据管辖域的数据类型、模式和标准不统一，呈现异构特征，这直接导致了多源跨管辖域的数据与统一的语义表示之间的矛盾，主要表现为查询语义不明确、多方数据难对齐、跨域时效难保证等查询难题，这些难题成为跨域数据互操作过程中数据统一语义表示的挑战。因此，需要研究统一语义表示、跨域数据语义融合、融合查询质量提升等问题，这是跨域数据管理有效支撑数据要素高效共享流通的关键所在。3.2 节将对这部分进行深入探讨。

3. 查询问题：统一高效的多源数据查询系统

面向跨域数据的大数据管理场景十分复杂。如果针对不同的场景，设计专用的方法来平衡质量、成本与效率，则会带来很高的系统复杂性与成本开销。因此，一个可行的技术路径是借鉴传统数据库与数据管理领域的查询语言方式：面向不同的数据治理场景，实现一套完备的查询语言。具体而言，从现有的查询语言的整个体系技术出发，设计能够支撑面向更多的治理和应用场景的相应查询语言。查询体系形成之后，能够支撑执行各类数据管理，实现更为有效的信息查询机制。3.2 节将对这部分进行深入探讨。

3.2　可行技术路径

3.2.1　基于标识的多方互认数据访问体系与技术

　　数据高效共享流通的前提是参与的多方之间实现可互操作的数据访问，即多方互认的数据访问体系。如图 3.2 所示，多方互认的数据访问体系通过实现可互操作的数据访问协议，为跨域主体提供数据访问服务。数据访问协议为数据的互操作提供统一的针对语法、语义和时序的标准和规范，实现跨域、多源数据的有序流通。数据访问服务包括数据封装和解析服务、数据标识服务和数据搜索服务。基于统一的数据访问协议，跨域主体可以以接口的形式，调用相应的服务进行数据要素的互联互通互操作。具体地，跨域主体调用数据封装和解析服务，将异构数据封装成统一的数据对象，屏蔽异构数据之间的差异，提供标准化的数字对象访问服务，实现数据资源的统一可访问。跨域主体调用数据标识服务，将数字对象视为具有资产属性的数据要素，为数字对象颁发资产化的数字对象标识及证书，实现数据资源的统一可确权。跨域主体调用数据搜索服务，提取数字对象元数据，构建数据资源目录，提供标准化的资源搜索服务，实现数据资源的统一可发现。

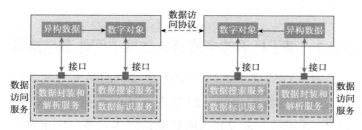

图 3.2　数据访问体系中的服务和协议

　　数据标识传统上主要应用在仓储物流管理中，用以提升自动化水平，提高工作效率，降低物流成本。随着数字经济的发展，标识不再局限在企业内部管理中，而是被赋予了打通信息壁垒、实现信息共享、挖掘数据价值等更深层次的意义。

　　传统互联网中的数据标识编码主要是以面向人为主，方便人来识读主机、计算机、网站等；传统互联网中的标识解析，本质是将域名标识翻译为 IP 地址，从而支撑用户上网浏览网页等行为。与之不同的是，多方互认的数据访问体系中的数据标识编码，则扩展到面向"人、机、物"三元世界，本质是将数字对象的标识翻译为物体或者相关信息服务器的地址，并在此基础上增加了查询数字对象元数据的过程，从而支撑数据要素的有序流通。

本节首先介绍业界五种典型的数据标识方案，然后对上述协议和服务相关技术进行详细介绍。

1. 数据标识方案

数据标识方案需遵循以下几项基本原则。

第一，**唯一性**。数据标识在一定范围内应具有唯一性，以便毫无歧义地区分和识别相应范围内不同的标识对象，保证标识编码能够被精确识别、快速定位。因此，数据标识方案的目标是为每一个对象分配一个标识码，是对象的全球数字身份证，具有全球唯一性。

第二，**持久性**。每一个数据标识一经确定就不再改变，即使被标识的对象被移动、组合或者版权所有者变更，该数据标识都不会随着改变。

第三，**可扩展性**。标识编码在设计时应具备一定的前瞻性，可以根据标识发展和需求进行创新与演进。标识编码在分配、存储和使用过程中可考虑与安全机制结合，以保证其安全可信、不易被篡改。数据标识编码应该具有国际通用性，并与应用系统、载体相分离，能够实现跨地域、跨平台、跨系统、跨载体之间的互联互通。例如，分层结构编码就是一种常用的编码灵活、可扩展性强的编码方式。

第四，**兼容性**。新标识的产生在一定范围内应尽量兼容之前的已有标识，至少兼容全球主要码制和编码体系，以保证易用性。用户可以直接采用其他编码体系，在编码方面只做微小改动即可兼容旧有编码方式，以有效解决标识应用孤岛和系统继承性开发问题，实现功能无缝衔接。

当前业界有五种典型的标识方案：Handle 标识方案、OID 标识方案、DOI 编码方案、MA 标识方案、VAA 标识方案。下面我们对五种标识方案分别进行介绍。

（1）Handle 标识方案

Handle 系统是一套由国际 DONA 基金会组织运行和管理的全球分布式管理系统。Handle 系统是数字对象架构（Digital Object Architecture，DOA）的主要实现形式，采用分段管理和解析机制，实现对象的注册、解析与管理。Handle 系统采用两段式命名机制，结构为权威域（Naming Authority）/ 本地域（Local Name），权威域和本地命名之间用"/"分隔，权威域下可管辖若干子权威域，自左向右用"."隔开。Handle 系统采用分级解析模式，全球 Handle 注册机构（Global Handle Registry，GHR）提供权威域查询，本地 Handle 服务（Local Handle Service，LHS）提供本地命名查询。

（2）OID 标识方案

对象标识符（Object Identifier，OID）是由 ISO/IEC、ITU 共同提出的标识机制，用于对任何类型的对象、概念或事物进行全球统一命名，一旦命名，该名称终生有效。OID 制定的初衷是要实现开放系统互连（Open System Interconnection，OSI）中对象的唯一标识。OID 采用分层、树状编码结构，不同层次之间用".."来分隔，即 ××.××.××.××…，每个层级的长度没有限制，层数也没有限制。例如，我国农业农村部的节点由 OID（1.2.156.326）表示，每个数字分别代表的含义为 1（ISO）-2（国家）-156（中国）-326（农业农村部）。

（3）DOI 编码方案

DOI（Digital Object Identifier）意为数字对象标识符，它是由美国出版商协会（The Association of America Publishers，AAP）下属的技术授权委员会（Enabling Technologies Committee）于 1994 年设计的一种在数字环境下保护知识产权和版权所有者商业利益的系统。它首先是要引进一种出版业标准的数字信息识别码，以支持出版商与用户之间各种系统的相互转换，为版权与使用权之间的协调管理提供基础。DOI 系统在 1997 年法兰克福图书博览会上首次亮相，成为数字资源命名的一项标准。1998 年在法兰克福成立了非营利性的组织——国际 DOI 基金会（International DOI Foundation），负责有关 DOI 的政策制定、技术支持、名址注册等业务。

DOI 系统包括前缀和后缀两部分，中间用"/"分割。前缀由目录代码和登记机构代码组成，目录代码均为"10."，而登记机构代码是由 IDF 分配的，由 4 位阿拉伯数字构成。后缀是在特定前缀下的唯一后缀，由登记机构统一分配并保证其唯一性。DOI 标识方式为"统一前缀 / 学会标识. 信息资源类型. 杂志 ISSN. 年. 期. 论文流水号"。例如，万方数据公司合作期刊论文 DOI 编码基本结构为"doi：10.3969/j.issn.××××-××××.××××.××.×××"。以《大数据期刊》为例，其 2023 年第 9 期第 1 篇文章的 DOI 号为"10.11959/j.issn.2096-0271.2023.09.001"。

（4）MA 标识方案（来源：MA 标识代码管理委员会）

MA 标识体系是我国首个具有全球顶级节点管理权和代码资源分配权的国际标准对象标识体系。MA 是字母"M"和"A"组成的标识代码前缀，由国际标准化组织（ISO）、欧洲标准委员会（CEN）、国际自动识别与移动技术协会（AIM）三大国际组织共同认可，是国际标准《信息技术　自动识别和数据采集技术　唯一标识符》（ISO/IEC 15459）的组成部分。2018 年 8 月，中关村工信二维码技术研究院获得国际标准 ISO/IEC 15459 注册管理机构授权，成为我国首家全球代码发行机构，发行机构代码为"MA"，以"MA"作为根节点标识符，称为 MA 标识体系。MA 标识体系向全球社群提供统一的、公共的、权威的标识服务，建成了 MA 标识解析根节点和若干一级节点。当前，根节点位于我国，一级节点包括中国、韩国、印度、加拿大等六个，在我国一级节点下设有 23 个省级节点和 6 个行业节点。

　　MA 标识体系是实现各种不同对象标识统一管理的一种体系，用于对实体世界和数字世界任何类型的对象（例如实体世界的人、机、物，数字世界的数据、软件、知识）进行全球唯一身份标识。

　　MA 编码遵循标识方案唯一性、持久性、可扩展性和兼容性等基本原则，采用了经典的分级编码结构，分为三部分，如图 3.3 所示。

图 3.3　MA 编码结构

　　第一部分为用户标识，由四个节点组成。第一个节点是根标识符前缀"MA";第二个节点为国家地区或领域代码,其中国家地区代码符合《国家和所属地区的名称代码第 1 部分:国家代码》(ISO 3166-1:2013),领域代码由 MA 标识代码管理委员会分配;第三个节点是地域代码或行业代码,该节点依据应用需求可以扩展;第四个节点为用户代码,原则上按申请顺序依次排列。

第二部分为标识对象类目,分为通用编码结构和自有编码结构两种情形,通用编码结构由三个节点组成,自有编码结构节点数量由用户定义。

第三部分为自定义标识对象个体编码,用户根据应用的需求自定义节点数量和每个节点的位数。

每两部分之间以"."或"/"隔开,每一部分内部分级以"."隔开。MA 编码支持阿拉伯数字、英文字母组合,不区分大小写。

以下是 MA 标识方案的一个编码实例:MA.156.110101.8/20.36550104.01/20170630.0010. 其中 MA.156.110101.8 表示用户标识,20.36550104.01 表示标识对象类目,20170630.0010 表示自定义标识对象个体编码。

(5)VAA 标识方案(来源:工业互联网产业联盟)

VAA 作为国际发码机构代码,根据相关要求,VAA 编码应尽量遵从国际标准 ISO/IEC 15459、ISO/

IEC 15418 等相关要求，当用于工业互联网领域时，还需要满足《工业互联网标识解析　标识编码规范》（AII 012—2021）等相关要求。VAA 的基本编码结构如图 3.4 所示，包含三部分：发码机构代码、服务机构代码和企业内部编码。其中，服务机构代码与企业内部编码之间通过分隔符"/"连接。发码机构代码由 ISO 授权中国信通院，代码为"VAA"。服务机构代码可以分为国家代码、行业代码和企业代码，国家代码原则上采用 3 位定长，不足位时采用前置补 0 方式。国家代码需遵从标识发码机构相关要求，其中 80～89、156 等预留给中国；行业代码由 VAA 标识注册管理机构分配，而企业代码由获得行业代码的机构分配。行业可以根据实际需要设计企业代码长度，总体编码长度越短越好。企业内部编码为不定长的字段，由企业自定义。

图 3.4　VAA 的基本编码结构

图 3.4 VAA 标识方案的编码实例（VAA08810012345678/abc123）中，"VAA"为发码机构代码，"088"为国家代码，"100"为行业代码，"12345678"为企业代码，"abc123"为企业内部编码。

2. 数据访问协议

数据访问协议为数据要素的互操作提供统一的针对语法和语义的标准及规范，实现跨域、多源数据的有序流通。数据访问协议旨在支持运行协议的一个或多个其他实体之间的交互，因此，一般来说，支持网络环境中特定形式的进程并对进程交互。当前业界最典型的数据访问协议当属 Handle 数据对象接口协议（Digital Object Interface Protocol，DOIP）。下面，以 DOIP 为例，介绍数据访问协议的基本语法和语义（操作）。

DOIP 为客户端指定一种标准的方式，以便与数字对象进行交互。DOIP 定义了客户端可能对服务调用的基本操作，协议本身支持操作的添加。DOIP 可以通过隧道技术在大多数协议（如 TCP/UDP）上运行。默认地，DOIP 协议定义了一种具有内置完整性检查和安全性特性的消息格式。消息可以通过不可靠的通信协议（如 UDP）传输。客户端可以根据业务需求（如 DOIPServiceInfo 中的某些特定字段）选择适合目标服务的通信协议 [2]。DOIP 除了定义数据对象标识符以外，还定义了三种形式的标识符：类型标识符、基本操作标识符、状态信息标识符。

1）**类型标识符**。在 DOIP 中，必须为每个数字对象指定其类型（Type）。Type 的一个重要功能是使 DOIP 协议识别允许的操作（Operation）。DOIP 定义了核心类型（Core Type）。0.TYPE/ Type 是所有类型的根类型。所有其他核心类型都是从 0.TYPE/Type 中扩展出来的。例如，核心类型 0.TYPE/DO 是一个生成的数字对象类型，0.TYPE/DOIPServiceInfo 用来传递数字对象服务需求信息，0.TYPE/DOIPOperation 用来表示扩展操作的类型。

2）**基本操作标识符**。DOIP 基本操作必须由每个 DOIP 服务正确解释，并且应该事先构建到这些服务中。DOIP 基本操作必须具有唯一的可解析标识符。用户可以根据应用需求选择封装粒度，使得 DOIP 操作模式更加合理。DOIP 基本操作包括 0.DOIP/Op.Hello、0.DOIP/Op.Retrieve、0.DOIP/Op.Create、0.DOIP/Op.Delete、0.DOIP/Op.Update、0.DOIP/Op.Search、0.DOIP/Op.ListOperations 等。

3）**状态信息标识符**。状态信息应具有可解析的相关唯一标识符。例如，0.DOIP/Status.001 表示操作成功执行。

3. 数据访问服务

（1）数据封装和解析服务

数据封装和解析服务将异构数据封装为数字对象，屏蔽异构数据要素之间的差异，提供标准化的数字对象访问服务，实现数据资源的统一可访问。下面，以MA标识解析流程为例，说明数据封装和解析服务的基本原理。

标识解析应用需要向企业节点申请标识数据解析权限，只有授权的标识解析应用才能访问企业节点上的标识数据。企业节点审核后给标识解析应用分配AppID和SecretKey。企业节点还可以通过IP白名单的方式来限制标识解析应用的访问。MA标识解析体系采用递归解析方式，包含MA根节点、MA一级节点、MA二级节点、MA三级节点、MA递归解析节点和MA标识应用。具体流程参考以下步骤：

步骤1：MA标识应用向MA递归解析节点发送标识解析请求，以获取标识所属信息。

步骤2和3：MA递归解析节点向MA根节点发送标识解析请求，以获取标识所属MA一级节点信息；MA根节点接收和响应MA递归解析节点发送的标识解析请求，通过查询注册信息，检索到该标识相应的MA

一级节点，并将 MA 一级节点信息返回给 MA 递归解析节点。

步骤 4 和 5：MA 递归解析节点向 MA 一级节点发送标识解析请求，以获取标识所属 MA 二级节点信息；MA 一级节点接受和响应 MA 递归解析节点发送的标识解析请求，通过查询注册信息，检索到该前缀响应的 MA 二级节点，并将 MA 二级节点信息返回给 MA 递归解析节点。

步骤 6 和 7：MA 递归解析节点向 MA 二级节点发送标识解析请求，以获取标识所属 MA 三级节点信息；MA 二级节点接受和响应 MA 递归解析节点发送的标识解析请求，通过查询注册信息，检索到该前缀响应的 MA 三级节点，并将 MA 三级节点信息返回给 MA 递归解析节点。

步骤 8 和 9（可选）：MA 递归解析节点向 MA 三级节点发送标识解析请求，以获取解析结果；MA 三级节点负责接受和响应 MA 递归解析节点发送的标识解析请求，通过查询本地数据库，检索到该标识对应的值集，并将解析结果返回给 MA 递归解析节点。

步骤 10：MA 递归解析节点将解析结果返回给 MA 标识应用。解析结果可以是标识对应的值集，也可以是标识所属三级节点信息。

步骤 11 和 12（可选）：当 MA 标识应用从 MA 递归解析节点获取的解析结果是标识所属三级节点信息时，MA 标识应用直接向标识所属三级节点发送标识解析请求，以获取标识所属信息；标识所属三级节点负责接受和响应标识解析请求，通过查询本地数据库，检索到该标识对应的值集，并将解析结果返回给 MA 标识应用。

为了提升性能，MA 递归解析节点可选择缓存 MA 一级节点信息、MA 二级节点信息和 MA 三级节点信息，以快速响应后续标识解析请求。

（2）数据标识服务

数据标识服务将数字对象视为具有资产属性的数据要素，为数字对象颁发资产化的数字对象标识及证书，实现数据资源的统一可确权。数据标识服务以标识注册的形式提供服务。下面，以 MA 标识注册流程为例，说明数据标识服务的基本原理。

MA 标识注册是指标识解析应用向企业节点注册标识数据，包括写入、修改和删除标识数据。注册标识数据需要标识解析应用向企业节点申请注册权限，企业节点审核后给标识解析应用分配 AppID 和 SecretKey。企业节点还可以通过 IP 白名单的方式来限制标识解析应用的访问。

标识解析应用向企业节点注册标识前，需要先发起认证请求，将 AppID、SecretKey 和时间戳通过某种运算生成字符串，放在认证请求中发给企业节点。企业节点收到请求后，根据本地存储的 AppID 和 SecretKey 计算后判断认证请求的有效性，通过认证后返回给标识解析应用一个 Token。MA 标识解析应用在注册标识时，都要携带 Token。

（3）数据搜索服务

数据搜索服务提取数字对象元数据，构建数据资源目录，提供标准化的资源搜索服务，实现数据资源的统一可发现。数据搜索服务的目标是面向全域数据供需关系提供精准匹配，打造新质数据服务。然而，当前业界在数据搜索服务方面还处于初级阶段，需要解决诸如面向知识的表征模型和统一建模方法、面向模块化知识的搜索支撑技术与面向数据空间的知识服务演化和多领域自适应协同机制等一系列难题。因此，为数据使用者和数据拥有者提供数据供需连接、精准匹配能力，构建多方互认的数据共享应用生态仍然任重道远。

3.2.2　基于质量感知的异构数据融合方法

与单一企业、业务、数据中心的传统场景不同，跨域数据会在数据类型、数据模式、数据语义等方面存在显著的差异，主要体现在以下三点：第一，跨域数据存在不同的数据定义方式，难以使用统一的数据库模式进行描述；第二，跨域数据存在语义异构性，难以建立数据库模式之间的匹配与映射关系；第三，为了支持跨域数据的有效利用，需要在实例层面解决数据对齐与质量提升问题。因此，为了支撑数据的跨域访问，需要针对跨域数据进行质量感知的异构数据融合。

数据融合（Data Integration，也称数据集成）是数据管理的核心技术之一，其目标是整合多源异构数据，形成统一的数据视图，包括多源模式匹配、实体表示对齐、属性冲突消解等多个挑战性任务。图灵奖获得者 Michael Stonebraker 教授将数据融合技术划分为三个发展阶段，见表 3.1：

表 3.1　Michael Stonebraker 教授提出的三代数据融合系统

	第一代数据融合（1990—2000 年）	第二代数据融合（2000—2010 年）	第三代数据融合（2010 年至今）
名称	ETL 技术	数据策管技术	大规模数据策管技术
应用场景	数据仓库	数据仓库、万维网数据等	数据湖、领域数据分析等

（续）

	第一代数据融合 （1990—2000 年）	第二代数据融合 （2000—2010 年）	第三代数据融合 （2010 年至今）
目标 用户	技术人员 / 程序员	技术人员 / 程序员	数据科学家、数据所有者、商业分析师等
融合 方法	自上而下、规则驱动	自上而下、规则驱动	自下而上、应用驱动
系统 定位	任务自动化工具	任务自动化工具	机器驱动、人在回路的数据融合系统
规模 （数据源 个数）	10 个左右	10～100	100～1000+

1）第一代是 20 世纪 90 年代流行的抽取、转换、装载（Extract Transformation Load，ETL）技术，主要面向单一企业或业务场景，解决传统数据仓库中小规模数据源（通常为 10 个左右）的模式映射与数据转换问题。在这一阶段，各大主流的数据库厂商均在其数据仓库与商务智能组件中开发了 ETL 工具，主要面向的用户是技术人员（如数据库管理员、程序员等），目的是提升技术人员在数据融合过程中的工作效率。第一代数据融合技术采用的主要方法是基于领域规则与专家经验。

2）第二代是 21 世纪初提出的数据策管（Data Curation）技术，与第一代的主要区别在于添加了数据清洗的功能，以解决更大规模的数据源（10～100 规模）与万维网数据融合场景下的数据质量问题。除此之外，第二代数据融合系统的基本架构与第一代是类似的，都是希望通过一定的任务自动化，提升技术人员在数据融合过程中的效率。然而，第二代数据融合系统在两方面存在局限性：其一是难以充分利用领域知识以提升数据融合的整体效果；其二是没有充分利用人的认知推理能力。这些局限性也直接促使学术界和工业界开始研究第三代数据融合系统。

3）第三代是大规模数据策管技术，它与前两代数据融合技术有明显不同，体现在几个方面：首先，第三代数据融合技术的定位不再是面向技术人员（如数据库管理员、程序员等），而是希望直接面向数据科学家、数据所有者、商业分析师等领域专家；其次，数据融合方法由原本的"自上而下、规则驱动"转换为"自下而上、应用驱动"，并由此带来了更多样的数据融合需求和更具挑战的数据质量问题；最后，从系统的架构看，第三代数据融合技术更强调"人在回路"，也就是由机器学习等模型自动地驱动整体的数据融合过程，并在必要的时候引入领域专家，充分利用人的认知推理能力, 解决语义融合等复杂难题。

本节首先介绍数据融合的整体架构与基本任务, 进而重点介绍人在回路的数据融合技术。

1. 数据融合的整体架构

数据融合既可以是物理层面的, 也可以是逻辑层面的。前文提到的 ETL 技术主要解决物理层面的数据融合问题。具体来讲, ETL 从不同的数据源中抽取数据 (即 Extract 过程), 将抽取的数据匹配到一个全局数据模式上 (即 Transformation 过程), 并通过物化将数据装载到全局数据库 (即 Load 过程)。逻辑层面的数据融合仅考虑建立局部数据与全局数据之间的映射关系。这两种数据融合方法各有所长, 可以满足不同的应用需求。物理层面的数据融合主要用于决策支持类的应用程序, 如联机分析处理 (On-line Analytical Processing, OLAP)。逻辑层面的数据融合主要用于多数据库系统 (Multidatabase System, MDBS) 的场景, 用于回答用户在全局数据上的查询。

大部分现有的数据融合工作都遵循着自下而上 (Bottom-Up) 的设计方法, 如图 3.5 所示。自下而上的设计方法的目标是将多个数据库 (称为局部数据) 在物理层面或逻辑层面融合为一个统一的数据库 (称为全局数据）。自下而上的设计方法一般包括两个步骤：第一个步骤是使用统一的数据模型对不同的局部数据进行表示。这里的数据模型应该具有足够的表达能力，能够有效地表示出不同数据源的结构与语义信息。现有的大部分工作还是选择传统的关系模型，尽管它在语义表示方面较其他模型欠缺灵活性。第二个步骤是基于统一的局部数据表示生成全局数据，具体包括三个主要的任务：

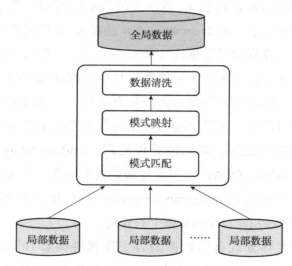

图 3.5　自下而上的数据融合设计方法

1）模式匹配（Schema Matching）：将局部数据模

式中的概念（如关系表中的列）与全局数据模式中的
概念进行匹配，即计算它们之间的对应关系。

2）模式映射（Schema Mapping）：将局部数据模
式中的数据转换为全局数据模式中的数据。

3）数据清洗（Data Cleaning）：在实例层面解决
融合过程中的数据质量问题，如实体对齐、属性融合、
数据缺失、信息错误等。

2. 数据融合的基本任务

本节主要介绍自下而上的数据融合设计方法中介
绍的三类主要任务，即模式匹配、模式映射与数据清
洗，以及解决这些任务的主要技术方法。

（1）模式匹配（Schema Matching）

给定两个数据模式，模式匹配的目标是找到一个
模式中的每个概念与另一个模式中概念的对应关系。
具体而言，如果已经定义全局数据模式，那么模式匹
配通常用于将局部数据模式与全局数据模式进行匹配。
如果没有定义全局数据模式，模式匹配则用于在两个
局部数据模式之间进行匹配。

模式匹配的主要挑战在于数据的异构性：现实世
界中的同一概念可以使用不同的数据模式进行表示。
除此之外，数据匹配的技术挑战还包括以下几个方面：

第一，在实际情况下，人们会使用简称或缩写来表示某些概念，因此会导致信息不足或出现歧义，从而产生错误的匹配结果；第二，在大多数情况下，数据模式缺乏良好的文档信息，很难找到模式设计者来指导匹配过程；第三，模式匹配可能具有较强的主观性，不同的用户可能对"正确"的匹配有不同的标准。

围绕上述挑战，现有的研究工作提出了不同的模式匹配方法。本节介绍其中比较典型的两类方法：基于文本匹配的方法和基于机器学习的方法。

1）**基于文本匹配的方法**。顾名思义，基于文本匹配的方法使用数据模式中的元素名称，以及其他文本信息（如数据模式定义中的文本描述／注释）来进行模式匹配。这里的"元素"既可以是模式层面的概念，也可以是实例层面的数据记录。基于模式的文本匹配器主要侧重度量元素名称的相似性，并处理同义词、上位词等语言学问题。在某些情况下，匹配器可以进一步利用模式定义中的注释信息（自然语言的说明文字）。在基于实例的方法中，文本匹配器则利用信息检索技术（如考虑词频、关键词等）来度量数据记录之间的相似性。

具体而言，可以采用不同的计算元素之间的相似性。这里以 COMA[46] 方法为例介绍几种常见的相似性度量方法：

①词缀（affix），即两个元素名称字符串之间的公共前缀和后缀。

② n-gram，即长度为 n 的子串。两个元素名称共有的 n-gram 越多，它们的相似性就越高。

③编辑距离（Edit Distance，也称 Lewenstein 距离），即将一个字符串转换成另一个字符串需要的最少操作数，其中操作包括添加、删除、修改字符串中的字符。

④语音相似性，即两个元素名称表音码（Soundex Code）之间的相似性。英文单词的表音码通过将单词哈希到一个字母和三个数字获得。

这里举个例子来更好地说明上述相似性度量方法。给定两个属性 UNIV 和 UNIVERSITY，它们分别来自不同的数据模式。我们考察如何使用编辑距离和 n-gram 的方法计算两个字符串之间的相似性。将 UNIV 通过字符添加、删除、修改三类操作变成 UNIVERSITY 需要的编辑操作个数是 6（在 UNIV 中添加 E、R、S、I、T、Y 这 6 个字符）。因此，字符串变化的比例是 6/10，进一步可以使用 1−(6/10)=0.4 来度量它们的相似性。下面计算 n-gram，首先需要确定 n 的取值。这里考虑 n=3，即计算 3-gram。字符串"UNIV"的 3-gram 包括"UNI"

和"NIV"。字符串"UNIVERSITY"有 8 个 3-gram，分别是"UNI""NIV""IVE""VER""ERS""RSI""SIT""ITY"。由于两个属性匹配到了 2 个 3-gram，因此相似性为 2/8=0.25。

2）**基于机器学习的方法**。第二类典型的模式匹配方法是采用机器学习技术。将匹配问题建模为一个分类问题，将来自不同数据模式中的概念根据其相似性分到不同的类别中。其中，相似性是通过与这些模式对应的数据库的数据实例的特征来确定的。可以根据训练集中的数据实例学习如何将概念进行分类。

图 3.6 给出了基于机器学习的模式匹配方法的概览。该方法首先需要准备一个训练集 T，包含数据库 D_i 到数据库 D_j 的基本元素（如关系表的列）之间的匹配关系。训练集既可以通过人工来构造，也可以利用之前模式匹配任务的结果来构造。学习器（Learner）从

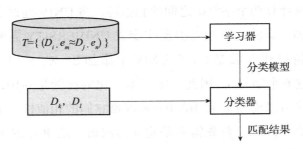

图 3.6　基于机器学习的模式匹配方法

训练集中获得有关数据库的特征信息，从而得到分类模型。分类器（Classifier）利用分类模型对另外一对数据库（D_k 和 D_l）中的数据进行分析，并预测模式匹配结果。

上面给出的是一个通用的方法框架，可以适用于目前基于机器学习的模式匹配方法。这些方法的不同之处在于使用的学习器不同，以及基于分类器计算模式匹配结果的方法不同。一些方法使用的是神经网络（如 SEMINT），而另一些方法使用的是朴素贝叶斯学习器 / 分类器（如 Autoplex、LSD）和决策树[47]。

（2）模式映射（Schema Mapping）

一旦完成了模式匹配，我们就识别出了不同局部数据模式之间的对应关系。下一步就是要构建全局数据模式，这一步称为模式集成（Schema Integration），它仅在用户没有定义全局数据模式的情况下才是必要的。如果用户已经预先定义好全局数据模式，则无须进行模式集成。尽管目前有很多工具可以辅助模式集成，但在大多数实际情况下，模式集成是一个主要以人工为主的过程，因为全局数据模式与下游的具体任务密切相关，很难自动完成。

在明确了全局数据模式之后，下一步要做的就是模式映射，即将不同局部数据库中的数据（称为源数据）映射到全局数据模式（称为目标数据）上，同时保持语义一致性。尽管模式匹配已经确定局部数据模式与全局数据模式的对应关系，但它并没有明确地给出应该如何对局部数据进行转换，从而得到全局数据——这正是模式映射步骤希望解决的问题。

本节主要介绍研究模式映射的两个基本问题：映射创建（Mapping Creation）和映射维护（Mapping Maintenance）。映射创建主要探讨如何构建查询将数据从局部数据库映射到全局数据库，而映射维护主要解决如何检测和修正由模式变化带来的映射不一致。

1）**映射创建**。映射创建过程的输入是一个源模式（即局部数据模式）、一个目标模式（即全局数据模式）和一个模式匹配关系集合（由模式匹配步骤生成）；其输出是一组查询，执行这些查询能够在实例层面将局部数据库中的源数据转换为全局数据库中的目标数据。

现有的映射创建大多遵循两个基本的步骤[48-49]。第一步是语义翻译（Semantic Translation），其目的是以一种与源模式和目标模式的语义一致的方式解释模式匹配关系集合中的模式匹配关系，如模式结构和参照完整性（外键）约束。语义翻译的输出结果是一组逻辑映射（Logical Mapping）。第二步是数据翻译（Data Translation），其目的是将每个逻辑映射实现为一条规则，并将规则转换为一条查询，该查询将在执行时创建目标元素的一个实例。其中，语义翻译将源模式、目标模式和映射关系集合作为输入，并执行以下两个步骤：首先是检查源和目标中的内模式语义（Intra-Schema Semantics），并生成一组语义一致的逻辑关系表（Logical Relation）；其次是基于逻辑关系表解释模式间对应关系，并添加一组在语义上与目标模式一致的查询。

2）**映射维护**。在动态环境下，数据模式会随时间变化，因此模式映射可能会因模式结构或约束的变化而失效。因此，有必要对失效、不一致的模式映射进行检测，并对失效的映射进行调整。相关人员也针对这些问题开展了研究[50]。

一般而言，当模式发生变化时，检测无效映射的方式既可以是主动的也可以是被动的。在主动检测的环境中，一旦用户改变了模式，系统就会立即检测映射是否出现不一致。在被动检测的环境下，映射维护系统并不知道数据模式在何时或以何种方式发生了变化。因此，为了检测无效的模式映射，系统需要定期地在数据源上执行查询，并使用现有的映射对查询返回的数据进行翻译，最终基于映射检测的结果来确定无效的映射。另外也可以使用机器学习技术来检测无效映射，基于机器学习的方法集成一组训练好的传感器来检测无效的映射，具体可包括：取值传感器，负责监控目标实例取值的分布特性；趋势传感器，负责监控数据修改的平均速率；约束传感器，负责监控和对比翻译好的数据与目标模式在语法和语义上的差别。系统将单一传感器找到的无效映射进行加权求和，并通过学习的方法计算权重。

一旦检测到无效的模式映射，就必须对其进行调整以适应模式的变化。现有的调整方法可以粗略地分为以下几类：固定规则方法，为能预期到的每种模式变化类型定义重新映射的规则；映射桥接方法，比较变化前的模式和变化后的模式之间的差异，在现有映射关系的基础上生成新的映射关系；语义重写方法，基于蕴含于现有映射、模式和模式语义变化中的语义信息，提出映射重写规则，从而生成语义一致的目标数据。在大多数情况下，可能存在多个重写规则，因此需要对可能的候选规则进行排序，并呈现给用户进行选择，而用户则主要基于在模式或映射中未涉及的场景或业务语义进行选择。

（3）数据清洗（Data Cleaning）

无论是在物理层面还是逻辑层面，数据融合的过程中总会有错误的数据产生，因此需要对这些错误进行检测与修复——这一过程称为数据清洗。一般而言，数据清洗处理的错误可以分为模式级和实例级。模式级错误是由于违反显式或隐式的约束而产生的。例如，属性值可能超出取值范围（如第 14 个月或是负的年龄），属性值可能违反隐含的依赖关系（如首都与国家之间的依赖关系），属性值违反唯一性约束或参照完整性约束。实例级错误存在于数据级别。例如，一些必需的属性值可能会缺失，词语出现拼写错误或是位置调换，缩写上存在差异，值存在嵌套（如地址属性包括街道、省、邮编），值对应错误的域，值存在重复，值出现冲突。

　　数据清洗的一般框架是构建作用于数据模式或数据实例上的一组数据清洗算子（Operator），进而组合这些算子以形成一个数据清洗计划（Data Cleaning Plan）。算子的类型可以是十分多样的。例如，模式级的算子包括从关系表中添加或删除列，组合与拆分列以重构关系表，或是定义更复杂的模式转换。实例级的算子包括将某个函数应用于属性的每个值，将两个属性的值合并为同一属性的值以及相反的拆分操作，计算两个关系表中元组近似连接的匹配操作符，将关系表中元组进行分簇的聚类操作符，将关系表中元组划分成多组的元组合并操作符，以及将多组中元组整合成单一元组的聚合操作符。除此之外，还有重复检测和去重这类基本操作符。很多数据级操作符需要比较两个（来自相同或不同的模式）关系表中的所有元组，并决定它们是否代表了相同的实体。

3. 人在回路的数据融合技术

人在回路是指计算问题的求解需要人的参与或引入人的参与能提升问题求解的效果。传统的数据融合，如前面介绍的第一代数据融合技术的代表 ETL 系统，本身就是一个人在回路的过程。ETL 的终端用户通常是企业的 IT 专家，他们通过一定的领域特定语言（Domain Specific Language，DSL）进行编码，完成数据从一个数据源到另一个数据源的转换，例如，从业务数据库中提取用户的行为，转换为数据立方体（Data Cube），并存储到数据仓库中。然而，面向大数据分析的数据融合使人在回路的方式产生了深刻的变革，主要体现在参与人出现了明显的变化。具体而言，参与人由传统 ETL 系统中的一个 IT 专家或一个小规模的专家团队变为更丰富的参与方式：既包含传统的单一用户、小规模团队，也包含互联网上海量的群众用户，即众包工人。这给数据融合的计算模式带来了新的机会——由传统的单纯依赖机器变成人机协作的计算模型。

众包是一种将某个复杂的计算问题分解成大量简单任务（称为微任务）发布给互联网众包平台上海量用户（称为众包工人）进行分布式解答的技术。需要指明的是，众包数据融合同样是一个迭代的过程，即通过多个轮次地向众包平台发布任务与收集众包工人返回的答案，而有效地支持数据融合的核心任务。例如，通过众包进行实体识别，可以发布一定的众包任务，并基于返回的结果按照一定的规则（如传递性）进行推理。不断迭代地重复上述过程，直到完成所有实体对的判别工作。此过程中的技术挑战在近些年得到了广泛的关注和深入的研究[51]。

目前，已经出现不少工作将众包技术应用于数据融合的主要任务上，包括数据抽取、清洗、集成与标注等。为了更好地说明这些任务，图 3.7 给出了一个面向公司数据分析的数据融合场景的示例。下面结合这个例子，介绍目前通过众包这种方式进行人在回路数据融合的典型方法。

（1）数据抽取

数据抽取是指从非结构化数据（如文本）中提取结构化的信息，如图 3.7 中从 HTML 网页中抽取公司名及其营收属性。传统的数据抽取方法基于规则、词典或机器学习模型，在抽取精度上难以达到令人满意的

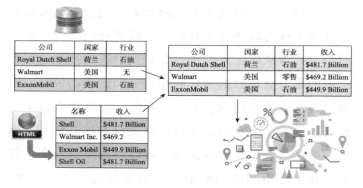

图 3.7　众包数据融合的基本任务示例

效果。因此一些方法引入了人提取信息的能力，提出了众包数据抽取，取得了明显高于自动数据抽取方法的效果。相关的研究包括众包实体识别[52]、众包实体属性与实体关系抽取[53-54]以及众包类别体系构建[55]。这些方法首先通过自动的数据抽取方法生成候选结果，然后让众包工人进行验证。

（2）数据清洗

数据清洗是指发现并纠正数据中潜在的错误，以确保数据的质量。如图 3.7 所示，真实世界的数据可能会有各种各样的错误，包括数据缺失（图 3.7 左上表格中 Walmart 的行业属性值缺失）、取值错误（图 3.7 左下表格中 Walmart 的收入仅为 469.2 美元）、记录重复（图 3.7 左下表格的第 1 条与第 4 条记录重复）等。数据清洗技术借助众包工人对上述错误进行检测与修复，提升数据清洗的效果，其基本思想是生成一些验证性问题（如 Walmart 的行业是不是零售）发布给众包工人进行验证。相关的技术手段包括借助知识图谱或 Web 资源生成最有收益的众包问题[56-57]、使用抽样技术生成有一定理论保证的众包问题[58]等。核心的挑战在于可能的验证性问题会很多，因此需要设计有效的问题选择策略，选择最有价值的问题进行众包，并通过数据之间的关联或相应的领域知识进行结果推理。

（3）数据集成

数据集成是指融合多个数据源以得到更加全面的数据，如在图 3.7 中将关系数据（图 3.7 左上表格）与网页抽取数据（图 3.7 左下表格）融合，从而汇总公司基础信息与营收数据。数据集成包含三类基本任务：一是模式匹配（Schema Matching）[59]，即将不同数据源中语义相同的数据列关联起来，如图 3.7 左上表格的公司列和图 3.7 左下表格的名称列；二是实体解析（Entity Resolution），即将不同数据源中表征不同的实体匹配起来[60-61]，例如图 3.7 左上表格中的 Royal Dutch Shell 和左下表格中的 Shell；三是属性融合，即对不同数据源中属性值可能存在的冲突现象进行消解[62]。由于不同数据源之间存在的异质性，自动的数据集成方法通常难以达到满意的精度。因此，近些年众包数据集成得到了广泛的研究，现有工作相对聚焦于挑战性最强的实体识别任务。主要解决的核心难点是成本优化，方法包括众包问题设计[60-61]、基于传递性或偏序关系的问题推理[63-66]与问题选择[67]等。

（4）数据标注

数据标注是指根据特定的数据分析任务为数据打上类别标签，从而支撑后续的模型训练。此外，前文介绍的数据抽取与数据集成任务也可以采用机器学习模型解决，数据标注也可以在其中起关键作用。数据标注是公认的"脏活累活"，需要耗费大量的人力、成本。众包的引入虽然降低了数据标注的单价，但当数据规模急剧扩张时，成本也是难以承受的。因此，现有的数据标注工作侧重研究如何降低众包成本。相关文献[68-69]提出了基于弱监督规则的方法，将领域用户的专家规则、领域知识图谱、众包等一系列标注数据源融合起来提高数据标注的覆盖率与准确率。然而，由于弱监督规则通常良莠不齐，一些方法提出使用众包对规则进行选择[70-71]。

3.2.3 基于预训练语言模型的数据融合与清洗技术

当前，随着数据源的规模急剧增长，数据的模态不断丰富，应用的场景持续多样，诸如政府部门、企业等不同类型的组织机构面临着诸多的数据融合与数据质量管理问题。这些问题阻碍了数据的准确性、一致性和可靠性，成了信息决策和业务发展的障碍，本节主要探讨以下几点：

1）数据的形式结构不够统一：由于数据来源多样，不同来源的数据可能采用不同的数据格式和结构。常见的数据格式包括文本、表格、JSON、XML 等，这些不一致的数据格式会导致数据融合与质量控制方面的问题，如数据解释困难、数据集成复杂、数据分析效率低等。因此，需要将不同来源的数据格式都统一为具有一定标准的关系型数据格式，以提高数据的一致性和可管理性。

2）数据来源不同，难以融合：诸如政府部门、企业等组织机构通常从多个不同的部门、系统或外部供应商获取数据，这些数据可能具有不同的数据标准、命名约定和数据结构。将这些不同来源的数据融合在一起以进行综合分析和决策变得困难。数据融合问题可能导致数据冗余、数据丢失以及数据不一致性，从而降低数据的可信度和完整性。

3）原始数据错误，难以检测：原始数据中可能存在各种错误，包括数据不一致、数据缺失、异常值、重复数据等问题。这些错误通常在数据采集和录入阶段难以被及早发现和纠正，因此它们可能在后续的数据分析和决策中产生负面影响。为了解决这个问题，需要建立数据质量控制和监测机制，以及数据审查和清洗流程，以确保数据的准确性和可信度。

针对上述问题，本节介绍一些基于预训练语言模型的技术，这些技术对数据格式进行结构化统一，对多来源数据进行数据融合，并通过预训练表格模型来检测并修正原始数据中的错误。

1. 多模态数据的结构化统一——Unicorn 模型

Unicorn 模型是一个能够支持多种常见的数据匹配任务的统一模型。如图 3.8 所示，模型框架设计为一个通用的基于预训练语言模型的编码器，将任何数据元素对转换为一个语义表示，再通过专家混合模型层增强表示，最后通过二分类器得到匹配结果。在七个常见的数据匹配任务的 20 个数据集上进行实验，包括实体匹配、实体链接、实体对齐、列语义标注等，实验结果表明 Unicorn 模型在大多数任务上都比为特定的任务和数据集分别训练的最佳模型表现更好，并且在零标注的新数据集上效果更好。

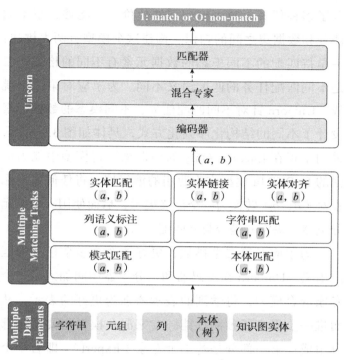

图 3.8 Unicorn 模型架构

目前的数据匹配任务都是为每个任务甚至每个数据集分别定制训练模型，这个做法有非常大的模型存储开销，并且无法利用不同任务和数据集之间的共享知识。为了解决上面的问题，Unicorn 提出了一个能够支持多种常见的数据匹配任务的统一框架模型，既融合了多种任务，减少模型存储代价，又能够共享不同任务和数据集之间的知识。构建这个模型有两大挑战：一是待匹配的不同模态的数据元素有不同的格式；二是不同匹配任务的匹配语义不同。为了应对第一个挑战，Unicorn 针对不同匹配任务、不同模态的数据元素设计了不同的结构化序列化方式，具体如图 3.9 所示，采用了现在 Encoder Only 的预训练语言模型中能力最强的 DeBERTa 模型作为通用的编码器，将任何数据元素对 (a, b) 转换为一个语义表示，后面使用一个二元分类器，决定 a 是否与 b 匹配。

为了应对第二个挑战，更好地融合多个任务的匹配语义，Unicorn 在编码器和二分类器中间加入了一个专家混合模型，将学到的表示增强为更好的表示，从而进一步提高了预测性能。专家混合模型主要由两部分组成：第一部分是若干个专家（Expert），即若干个全连接网络；第二部分是一个门控（Gate），输出所有专家的权重分布。专家混合模型的输出就是输入经过每个专家输出后按照门控输出的加权和。Unicorn 中专家混合模型的作用主要是将不同任务经过编码器的分布后得到不同的表示，再映射至更加相近的分布上，以减小最后二分类器的学习难度，可视化效果如图 3.10 所示。除此之外，专家混合模型还应具有两个性

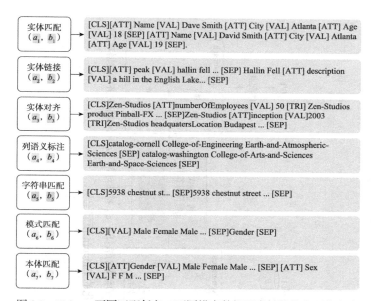

实体匹配
(a_1, b_1) → [CLS][ATT] Name [VAL] Dave Smith [ATT] City [VAL] Atlanta [ATT] Age [VAL] 18 [SEP] [ATT] Name [VAL] David Smith [ATT] City [VAL] Atlanta [ATT] Age [VAL] 19 [SEP].

实体链接
(a_2, b_2) → [CLS][ATT] peak [VAL] hallin fell ... [SEP] Hallin Fell [ATT] description [VAL] a hill in the English Lake... [SEP]

实体对齐
(a_3, b_3) → [CLS]Zen-Studios [ATT]numberOfEmployees [VAL] 50 [TRI] Zen-Studios product Pinball-FX ... [SEP]Zen-Studios [ATT]inception [VAL]2003 [TRI]Zen-Studios headquatersLocation Budapest ... [SEP]

列语义标注
(a_4, b_4) → [CLS]catalog-cornell College-of-Engineering Earth-and-Atmospheric-Sciences [SEP] catalog-washington College-of-Arts-and-Sciences Earth-and-Space-Sciences [SEP]

字符串匹配
(a_5, b_5) → [CLS]5938 chestnut st... [SEP]5938 chestnut street ... [SEP]

模式匹配
(a_6, b_6) → [CLS][VAL] Male Female Male ... [SEP]Gender [SEP]

本体匹配
(a_7, b_7) → [CLS][ATT]Gender [VAL] Male Female Male ... [SEP] [ATT] Sex [VAL] F F M ... [SEP]

图 3.9　Unicorn 不同匹配任务、不同模态数据元素结构化序列化方式

质：第一个是稀疏性，即对于每条数据，门控输出权重分布要其中一个专家较大，其余都较小，这个性质是为了让差异较大的任务使用不同的专家，尽量减小不同类任务之间的干扰，并且在保证知识共享的同时，也保留每类任务单独的特性；第二个是在所有数据中，每个专家都要平均地被使用，不存在某几个专家被过度使用的情况。为了保证上面两个性质，Unicorn 在训练时引入了最小化熵和负载均衡这两个损失，有效提升了性能。

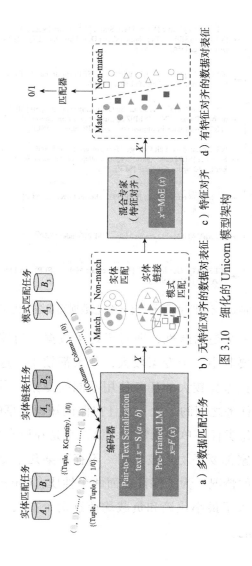

图 3.10 细化的 Unicorn 模型架构

通过实验结果可以看出，Unicorn 在所有数据集上都与之前的最佳模型性能可比，并且在大多数数据集上超过了最佳模型的性能，如图 3.11 所示。另外，在零标注的新数据集上的性能也很好，和用训练集训练过的最佳模型性能是可比的，如图 3.12 所示。

类型	任务	指标	Unicorn w/o MoE	Unicorn	Unicorn++	Previous SOTA（Paper）
EM	Walmart-Amazon	F1	85.12	86.89	**86.93**	86.76（Ditto [30]）
	DBLP-Scholar	F1	95.38	95.64	**96.22**	95.6（Ditto [30]）
	Fodors-Zagats	F1	97.78	**100**	97.67	**100**（Ditto [30]）
	iTunes-Amazon	F1	94.74	96.43	**98.18**	97.06（Ditto [30]）
	Beer	F1	90.32	90.32	87.5	**94.37**（Ditto [30]）
CTA	Efthymiou	Acc.	98.08	98.42	**98.44**	90.4（TURL [10]）
	T2D	Acc.	98.81	99.14	**99.21**	96.6（HNN+P2Vec [5]）
	Limaye	Acc.	96.11	96.75	**97.32**	96.8（HNN+P2Vec [5]）
EL	T2D	F1	79.96	91.96	**92.25**	85（Hybrid I [20]）
	Limaye	F1	83.12	86.78	**87.9**	82（Hybrid II [20]）
StM	Address	F1	97.81	98.68	99.47	**99.91**（Falcon [39]）
	Names	F1	86.12	91.19	**96.8**	95.72（Falcon [39]）
	Researchers	F1	96.59	97.66	**97.93**	97.81（Falcon [39]）
	Product	F1	84.61	82.9	**86.06**	67.18（Falcon [39]）
	Citation	F1	96.34	96.27	**96.64**	90.98（Falcon [39]）
ScM	FabricatedDatasets	Recall	81.19	**89.6**	89.35	81（Valentine [27]）
	DeepMDatasets	Recall	66.67	96.3	96.3	**100**（Valentine [27]）
OM	Cornell-Washington	Acc.	90.64	**92.34**	90.21	80（GLUE [15]）
EA	SRPRS：DBP-YG	Hits@1	99.46	99.67	99.49	**100**（BERT-INT [46]）
	SRPRS：DBP-WD	Hits@1	97.11	97.22	97.28	**99.6**（BERT-INT [46]）
均值			90.8	94.21	**94.56**	91.84
模型尺寸			139M	147M	147M	995.5M

图 3.11　Unicorn 在各数据集上的预测性能

类型	任务	指标	Unicorn w/o MoE	Unicorn	Unicorn-ins	SOTA（# of labels）
EM	DBLP-Scholar	F1	90.91	95.39	**97.08**	95.6（22,965）
CTA	Limaye	Acc.	96.2	96.59	96.5	**96.8**（80）
EL	Limaye	F1	74.16	78.92	**82.8**	82（−）
StM	Product	F1	60.71	74.92	**78.76**	67.18（1,020）
ScM	DeepMDatasets	Recall	74.07	92.59	96.3	**100**（−）
EA	SRPRS：DBP-WD	Hits@1	95.55	97.25	96.17	**99.6**（4,500）
均值			81.93	89.28	**91.27**	90.2

图 3.12　Unicorn 在零标注场景下的性能

2．人机协同的数据融合——DADER 模型

DADER 模型是从数据标注的角度研发人机协同的数据融合算法，主要的思想是采用基于弱监督（Weak Supervision）的技术方案，将专家规则、领域知识、数据标注等统一表示成弱监督规则，并通过规则批量地完成实体与关系知识的抽取与融合工作。针对典型的数据融合任务对所提出的方法进行了验证，实验结果表明所提出的方法仅需要人的少量参与即可明显超过由斯坦福大学提出的 Snorkel 系统。

DADER 系统目前主要聚焦实体匹配这一数据融合的一核心任务。现有实体匹配的解决方案主要是依赖于深度学习模型的有监督训练，这需要大量的标注数据作为训练集。给每一个数据集都收集标注数据是需

要很高成本的。

为了解决上述问题，DADER 模型应运而生。对于给定的任意数据集（称作目标数据集 T），不需要标注出训练集，仅利用现有的一些公开的已标注的数据集（称作源数据集 S）来训练模型（记为 M），从而实现在目标数据集上的良好性能。但由于 S 和 T 两个数据集可能来自两个完全不同的域，数据分布存在较大差异，直接将 M 应用于 T 可能无法取得好的性能，此处引出域适应技术，域适应技术在 CV 和 NLP 领域已经被广泛研究过，但其在实体解析问题上的性能还未被讨论过，DADER 设计了域适应算法来调整模型 M，从而实现 M 在 T 上的良好性能。图 3.13 展示了源数据集 S（圆点）和目标数据集 T（方块），在图 3.13a 中由于两个数据集的分布不同，在 S 上学到的模型 M（绿色虚线）无法准确预测 T。于是在图 3.13b 中，DADER 通过调整两个数据集的分布，学习不仅适用于 S，还适用于 T 的模型。

首先，我们设计了将域适应技术应用于实体解析问题的通用模型框架，该框架包含三个主要部分：特征提取器、匹配器和特征对齐器。如图 3.14 所示，特征提取器将实体对提取出特征；匹配器是判断该实体对是否相同的分类器；特征对齐器是实现域适应的核

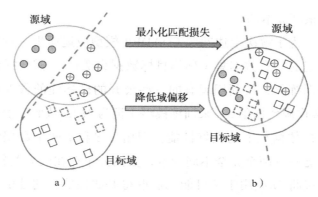

图 3.13　利用域适应算法重用现有标注数据

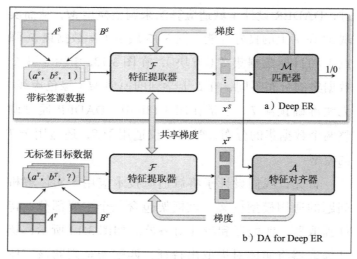

图 3.14　将域适应技术应用于实体解析问题的通用模型框架

心模块，其作用是融合两个数据集的特征分布，从而实现匹配器在两个数据集上的高质量预测。

其次，我们定义了以上模型的解决方案设计空间。对于特征提取器，我们主要应用两类高效的深度学习网络：循环神经网络 RNN 和预训练语言模型 LMs。对于匹配器，我们使用最常用且高效的 MLP。对于特征对齐器，我们设计了三大类主流的域适应技术：Discrepancy-based、Adversarial-based 和 Reconstruction-based。Discrepancy-based 通过减小两个分布的距离度量指标来减小数据差异，Adversarial-based 通过对抗训练的思想使两个数据集的特征融合，Reconstruction-based 通过同一个 Encoder 和 Decoder 网络提取出两个数据集通用的特征。我们提出了六种代表性方法来探讨不同域适应技术的性能，图 3.15 展示了该六种方法的具体模型结构。

实验结果表明，域适应技术可以有效提升模型在目标数据集上的性能。此外，在有少量标注的情况下，使用域适应技术的模型可以实现比 SOTA 方法更高的性能，如图 3.16 所示。

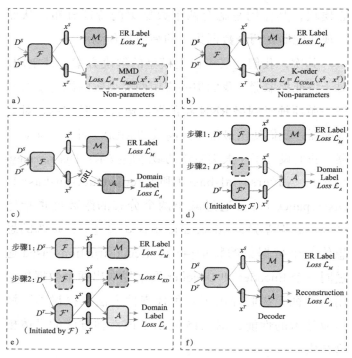

图 3.15 将域适应技术应用于实体解析问题的六类模型结构

3. 数据智能探查——表格数据错误的自动检测技术

由于各种原因，表格数据经常存在错误值，对下游的数据分析及应用造成很大的负面影响，因而错误

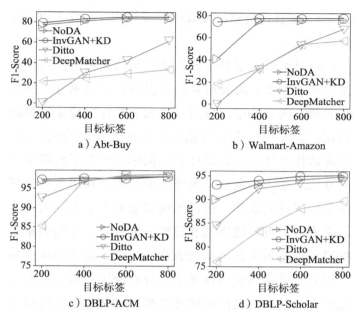

图 3.16 在少量标注情况下，DADER 比现有 SOTA 方法有更高的性能

检测对改善表格的数据质量具有重要意义，是任何数据分析过程中的一个关键的初步阶段。但是，表格数据错误的自动检测是一个具有挑战性的问题，可以检测的错误包括：

1）缺失值 MV：语法错误。

2）拼写错误 T：语法错误。

3）格式 / 模式错误 FI：语法错误。

4）属性违背错误 VAD：语义错误（主要考虑属性依赖错误）。

项目组研制了基于预训练模型的表格数据错误检测工具，主要解决表格数据错误的自动检测这一挑战性问题。现有的错误检测方法大多是针对特定类型的错误，需要用户定义规则和配置的传统的检测方式，或者依赖于特征工程设计和数据标注的基于机器学习的方式。近几年自监督预训练模型在自然语言处理任务上取得巨大成功，预训练模型能够产生更强的文本语义表示，更好地理解和建模表格数据，这给表格数据错误检测带来新的研究方向。因此，将预训练模型应用到表格错误检测任务上，分别使用自然语言预训练模型 BERT 和表格预训练模型 TABBIE 在错误检测任务上进行微调：

1）BERT 微调用于表格单元错误检测：加载预训练 BERT 模型参数，在表格数据集上进行微调，对微调结果进行测试。微调通过在表格数据上进行再次训练更新参数来使 BERT 模型调整以适应下游错误检测任务，不需要从头开始进行模型的训练，节省了资源成本和时间成本，同时利用 BERT 在大规模数据集上进行预训练得到较好的文本表示。

BERT 的一个输入为一个表格单元，输入的表格的尺寸即为 Batchsize。我们将一个表格单元视作一个文本序列，首先经过分词和嵌入得到 BERT 的输入特征向量，同时我们加入了行位置编码和列位置编码来加入表格单元的位置信息，经过 BERT 模型后，得到序列的输出向量，我们使用 [CLS] 标记来代表单元值文本序列，如图 3.17 所示。

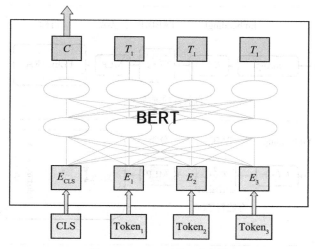

图 3.17　[CLS] 标记示意图

将 [CLS] 输入到 MLP 构成的分类器中，经过 Softmax 层输出分类概率，我们将大于一定阈值（如 0.5）的视为错误。

2）TABBIE 微调用于表格单元错误检测：我们使

用 TABBIE（Tabular Information Embedding）预训练模型应用于表格数据的错误检测，探究其有效性。我们使用 TABBIE 模型对表格单元进行编码得到特征向量表示，然后经过一个分类器（采用 MLP）对特征向量进行二分类来进行错误检测。TABBIE 遵循图 3.18 所示的预训练微调范式。

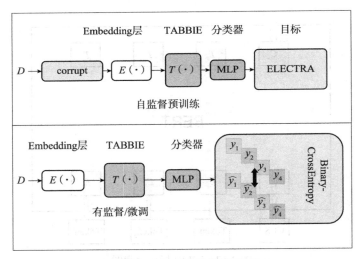

图 3.18　TABBIE 预训练微调范式

在预训练阶段，TABBIE 采用了 ELECTRA 中采用的代理任务的一个变体，在 ELECTRA 中采用 RTD（Replaced Token Detection）的代理任务，按一定的比例替换掉文本中的词，设置一个分类器来判断文本中的每个词是否被替换掉了。TABBIE 使用类似的方式按一定的比例交换表格单元对表格进行损坏，并且设置分类器来判断该表格单元是否被替换。在交换表格单元时，为了学习到丰富的信息，交换表格不仅在全表上随机交换，还设定在同行之间进行交换，同列之间进行交换。其采用的训练数据是来自 Wikipedia 和 Common Crawl 的表格，通过对这些表格进行交换检测，迫使模型在训练过程中理解表格。

在微调阶段，需要人工进行一部分数据集的标注，加载预训练模型参数后，将表格送入 TABBIE 模型进行训练，我们的下游任务是表格错误检测，和 TABBIE 的代理任务本身就很接近，这也是选取 TABBIE 模型的重要原因，通过微调更新模型参数，让模型更好地适应错误检测这一下游任务。

通过对实验结果的分析发现表格预训练模型 TABBIE 在少量标注时有较好的性能同时能够较快达到最佳性能（即使用较少的标注数据达到或接近其最优效果）。BERT 模型在特定类型错误数据上也能在少量标注下表现出较好的性能。同时 TABBIE 模型微调这种方法不仅在错误率较小的情况下能够表现出很好的性能，其受到错误率的影响也小，面对不同错误率的数据表现出更高的稳定性。

3.2.4　统一高效的多源数据查询系统

　　查询处理与优化是数据管理最核心的功能之一。跨域数据查询面临着两个关键挑战：第一，缺乏统一的查询语言。不同数据管理域的数据库，具有独立的数据模型和查询语言，如关系数据模型与 SQL 语言、图数据模型与 Cypher 语言等。由于不同域数据库所蕴含的数据模型和查询语言是彼此不通的，因此无法直接进行统一的查询。第二，缺乏统一的优化机制。查询优化对于数据管理来讲至关重要——同一查询的不同优化结果可能会有数量级的性能差异。然而，不同数据模型的数据库适用的场景各异。例如，图数据库适合路径查询、模式匹配查询等；关系数据库适合选择查询、聚集、统计、连接查询等；向量数据库适合矩阵运算等。结合上层应用特点，研究统一的查询优化方法对于提升整体查询性能非常关键，也颇具挑战。

　　上述挑战给现有的数据管理技术带来了新的课题。主要的解决方案有以下三类：物理汇聚、联邦数据库（Federate Database）以及多存储数据库（Polystore Database）。物理汇聚利用抽取 - 转换 - 载入技术，将数据物理汇聚到同一个数据库进行统一管理。联邦数据库将多个自治的同构数据库模式映射到一个全局视图中，进而基于该全局视图进行统一查询与优化。不难看出，上述两类方法并不适用于跨域数据管理的场景，因而近些年多存储数据库系统受到了学术界和工业界的广泛关注。

多存储数据库系统旨在提供对多个异构数据库（如关系数据库、NoSQL 数据库或文件系统）的统一访问，现有的技术方案可以分为三类：松耦合多存储系统、紧耦合多存储系统以及混合多存储系统。本节重点围绕这三类技术方案进行介绍。

（1）松耦合多存储系统

松耦合多存储系统的基本思想是采用中介器 - 包装器（mediator-wrapper）架构：用户使用统一的查询语言（如扩展的 SQL）进行查询；中介器将查询转换为若干子查询，每个子查询对应一个异构数据库，由相应的包装器负责处理；包装器将子查询翻译为自身数据库的查询语言，并反馈查询结果；最终，系统将来自包装器的结果进行集成，并返回给用户。

具体而言，松耦合多存储系统有两个主要模块：一个全局的查询处理器，以及针对每个异构数据库的包装器。查询处理器包含一个数据存储目录，每个包

装器都有一个本地的数据存储目录。在构建目录和包
装器之后，查询处理器可以通过与包装器交互来开始
处理来自用户的输入查询。典型的查询处理如图 3.19
所示。

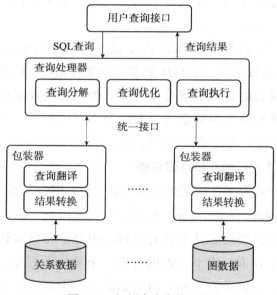

图 3.19　松耦合多存储系统

系统提供对多个异构数据库（如关系数据库、
NoSQL 数据库或图数据库）的统一访问接口（即 SQL
查询接口），从而使系统的查询处理细节对用户来讲是
"透明"的。具体来说，系统首先将输入查询转换为若

干子查询（即查询分解），其中不同的子查询可以访问不同的底层数据库系统，这里的子查询需要使用统一的语言（如 SQL）进行表示。然后，系统将子查询发送到不同的包装器，并由包装器将子查询翻译为底层数据库系统能够使用的局部查询，并返回查询执行的结果。最后，系统将来自不同包装器的结果进行汇总返回给用户。

从上述过程可以看出，这类系统具有松耦合的特点，即查询处理器并不直接访问底层的数据库，而是通过包装器间接地提交查询与检索结果。这类多存储系统的代表系统包括 BigIntegrator[72]、Forward[73]、QoX[74] 等。

（2）紧耦合多存储系统

紧耦合多存储系统的代表性研究包括 Polybase[1]、HadoopDB[2] 和 ESTOCADA[75] 等。与松耦合多存储系统一样，紧耦合多存储系统同样提供统一的查询语言，然而区别在于查询处理器可以在查询执行期间直接访问底层数据库，并使数据在不同数据数据库之间进行高效移动，从而优化整体的查询性能，如图 3.20 所示。

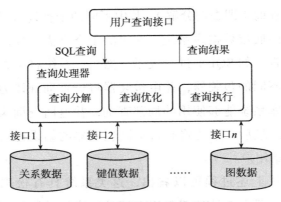

图 3.20　紧耦合多存储系统

（3）混合多存储系统

混合多存储系统试图结合松耦合多存储系统与紧耦合多存储系统的优点，例如前者可以更好地支撑异构的数据库，而后者能够直接通过其接口高效访问某些数据，代表性的研究包括 Spark SQL[76]、CloudMdSQL[77] 和 BigDAWG[78] 等。

第4章

面向大数据应用的算法治理

大数据时代，以深度学习为代表的机器学习算法在诸多领域都取得了令人瞩目的成果。作为"数据+模型"的复合体，智能算法的成功在很大程度上得益于丰富的数据资源，包括互联网上公开的文本、图像、代码信息，电商、视频等平台的用户交互日志等。2022年11月发布的ChatGPT在众多自然语言处理任务上表现出极强的智能性，迅速在网络上广泛传播，将大数据大模型的能力展现得淋漓尽致。在此背景下，以数据为中心的人工智能研究范式（Data-Centric AI）正逐渐引起学术界和产业界的广泛关注。以数据为中心的范式强调了数据在机器学习模型训练过程中的关键作用。与传统的以算法优化为核心的研究范式相比，其主张更加关注数据的质量、多样性和代表性，以提高模型的泛化能力和可靠性。

然而，数据在驱动智能算法蓬勃发展的同时，其引发的诸如歧视、安全、隐私等问题也逐渐突显。主要原因在于，现有的智能算法虽然具有强大的学习能力，可以从数据中捕捉泛化性的信息，但同时它们也可能"记忆"数据中的特异性信息，从而导致智能算法在实际运行中的一系列问题。例如，训练数据中可能包含一定程度的偏见和歧视，从而导致模型的预测结果在性别、种族等方面产生不公平现象；公共领域采集的训练数据中也可能包含恶意篡改的有毒样本、后门样本，从而导致训练后的模型存在如性能下降、在特定数据上误判等问题。此外，模型对于数据的记忆性也带来了隐私泄露的风险，如 GPT-2 模型此前便被发现会泄露个人邮箱、住址等隐私信息。这些问题不仅损害模型的性能、泛化能力，还可能导致道德伦理和法律方面的纷争。

综上所述，大数据为机器学习算法带来了巨大的发展空间，但同时也伴随着诸多挑战。因此，面向大数据的算法治理，其重要性不言而喻。本章将从数据偏见带来的算法歧视问题、数据不可信带来的算法安全问题以及算法隐私泄露等三个方面，剖析这些问题的形成根源、影响和危害，并介绍当前的算法治理应对方案，包括算法去偏、数据可信治理、隐私保护以及算法审计等方面，旨在为未来大数据和机器学习算法的可持续发展提供有益的参考。

4.1 关键问题

4.1.1 数据偏见算法歧视

2016 年，当时还是 MIT Media Lab 硕士研究生的 Buolamwini 在测试人脸识别软件时发现，这些软件经常识别不出她的人脸，而戴上白色面具却能大大提升识别概率。受此启发，她发起了 Gender Shades 研究[79]，构建了一个包含非洲和欧洲共 6 个国家的具有不同肤色和性别的 1270 名政客人脸照片的 Pilot Parliaments Benchmark 数据集，来测试 IBM、Microsoft 和旷视三家公司的人脸识别产品。测试结果显示，这些产品对深色人种和女性都有不同程度的"歧视"，识别正确率显著低于白人和男性，最大差距可达 34.7%。

Buolamwini 的研究近年来引起了广泛关注，而实际上人工智能算法的歧视问题远比人们想象的更加普遍且久远。早在 2011 年，研究人员便发现某公司开发的模型不太容易区分白种人和东亚人[80]；2012 年，德国 Cognitec 公司的人脸识别系统被发现对非裔美国人的识别准确率比白人低 5%~10%[81]；而 2015

年，Google Photos 被爆出将深肤色的人标记为大猩猩；
2020 年，杜克大学发布的照片清晰化算法 PULSE 同样
被发现有缺陷，它将美国前总统奥巴马的照片清晰化
处理后，生成的是一张白人面孔。

除计算机视觉外，算法的歧视问题同样广泛存在
于机器学习的各个应用领域。在自然语言处理领域，
研究人员同样发现机器学习模型中存在严重的歧视问
题[82-84]。如目前普遍采用的单词嵌入通常具有明显的
"性别偏见"，往往将"编织""护士"这样的词与女性
代词靠近，而"编程""律师"则与男性代词更接近。
2018 年华盛顿邮报的研究发现，无论是谷歌智能音箱
Google Home 还是亚马逊语音助手 Alexa 都在口音方面
有着明显的偏差问题，在理解非美国口音时准确率显
著降低。在信息检索领域，哈佛大学 Latanya Sweeney
发现在 Google 上搜索典型的黑人名字，搜索结果中含
犯罪相关广告显著高于白人名字的结果[85]；Google 还
被发现在搜索"黑人女孩"等关键字时会返回成人内
容。即使是当前最强的自然语言处理模型 ChatGPT，
在进行大量人类价值观对齐后，依然被发现还是存在
着性别、人种方面的歧视问题[86]。

而在社会服务、司法等对社会民生具有直接影响
的领域，算法歧视问题则显得更加令人担忧。在求职

领域，Chen Le 等人分析了包括 Indeed 和 Monster 在内的多个招聘网站的搜索引擎，发现它们都在不同程度上歧视女性求职者 [87]。在共享出行领域，Uber 与 Lyft 被发现存在针对种族的"价格歧视"行为，非白人邻居较多的用户叫车费用明显更高 [88]。2016 年，ProPublica 调查发现，美国各州政府用于评估被告人未来两年内再犯罪风险的算法工具 COMPAS 对黑人具有明显的歧视，导致黑人或少数族裔因算法而被错误逮捕。

1. 算法歧视的形式化

针对广泛存在的算法歧视现象，研究人员使用数学方式对歧视和公平进行描述。然而公平和歧视是一个复杂的社会概念，目前对公平的定义仍然缺乏一致性。大多数对公平和歧视的形式化描述都基于敏感属性（受保护属性）的概念。敏感属性定义了在特定应用场景下社会文化所关注的有关公平的数据变量，算法应用应当避免敏感属性对算法的结果产生影响。一些常见的敏感属性包括性别、年龄、种族、宗教信仰等，然而理论上敏感属性可以包含任何涉及或有关人的特征属性 [89]。公平性众多定义中最基本的形式是无意识公平（Fairness Through Unawareness）[90]，其认为如果算法中不使用敏感属性作为训练和预测的输入样本，那么就可以达到公平。无意识公平是一种过度简化的公平性定义，如果模型的输入变量中未直接使用敏感属性但包含了与敏感属性相关的其他变量，同样会使得算法结果出现歧视现象。

为了更好地形式化算法结果中的歧视，根据敏感属性的取值不同，人群被划分为不同的群体。基于对样本群体输出结果统计对比的公平性定义称为群体公平。以分类问题为例，记敏感属性为 S，待预测的变量为 Y，算法对目标的预测值为 $\hat{Y}$，群体公平的定义主要可以分为以下三类 [91]：

（1）**基于独立性（Independence）准则的群体公平**：$\hat{Y} \perp S$

基于独立性准则的公平性定义如人口平等（Demographic Parity）[92]，要求算法的预测与敏感属性完全独立。独立性准则没有考虑敏感属性 S 和样本真实的待预测标签 Y 之间的关系，即便不同群体的 Y 分布可能完全不同。

（2）**基于分离性（Separation）准则的群体公平**：$\hat{Y} \perp S | Y$

分离性准则考虑了 S 与 Y 的相关关系，要求同类别的样本基于不同敏感属性的预测概率应该相等。以分离性准则为目标的公平性定义包括机会均等（Equal

Opportunity）[93] 和正率均等（Equalized Odds）[94]。机会均等要求不同群体的 TPR（True Positive Rate）相同，而正率均等在其基础上要求 FPR（False Positive Rate）也相同。

（3）基于充分性（Suffciency）准则的群体公平：$Y \perp S|\hat{Y}$

充分性准则与一些基于校准的公平定义密切相关，这些定义考虑了预测的概率或得分。典型的例子是测试公平（Test Fairness）[95]，其要求在给定算法预测概率或得分时，不同群体样本的待预测标签 Y 的分布是相同的。

值得注意的是，即便上述的公平性定义都是为了约束不同群体间的歧视现象，它们之间也可能是相互矛盾的。因此在评估量化一个具体算法产生的歧视时，明确选择一个适用于该场景的公平性定义本身是重要且充满争议的。

除了上述群体公平的定义外，对个体的歧视与公平也同样是值得关注的问题。个体公平（Individual Fairness）[96] 的定义认为，在算法输入空间中相近的个体应当在输出空间中同样获得相近的结果。此外，基于因果推断，反事实公平性（Counterfactual Fairness）[97] 被定义为算法对样本个体与其反事实样本的输出应该一致，其中反事实样本是由对事实样本的敏感属性的因果干预得来的。个体粒度的公平性定义为识别和量化更细粒度的算法歧视提供了工具。

2. 算法歧视来源

随之而来的问题则是，算法的偏见歧视从何而来。智能算法在学习训练过程中依赖大量的训练样本，而这些样本中存在的偏差或偏见不可避免地导致最终学习到的智能算法存在一定的歧视问题。MIT Media Lab 训练的名叫诺曼（Norman）的 AI 将这个问题展现得淋漓尽致。诺曼是一个给图片生成标题的 AI 程序，其特别之处在于它的训练数据来自于 Reddit 上充斥着暗黑内容的子论坛。最终对于相同的图片，诺曼生成的文本远比正常数据训练的模型更加暗黑偏激。事实上，智能算法训练的数据中存在着大量的偏差。例如，被 MIT 删除的曾经广泛应用的 Tiny Images 数据集便包含大量有攻击性的、种族主义的和厌女标签的图片；NLP 领域常用的预训练语料 Common Crawl 也被指出充满了白人至上主义、年龄歧视和厌女主义等观点。数据中典型偏差包含如下几类：

代表性偏差（Representation Bias）是一种极为普遍且典型的数据偏差，其根源在于数据收集过程中的诸多因素，例如原始数据分布不均或数据采集的难易程度等。这些因素导致数据在种族、性别等方面的分布失衡，使得某些非代表性群体在最终数据中所占比例偏低。这种偏差会影响训练出的模型的泛化能力，使其在处理这些特定群体时出现困难。如前文所述的人脸识别系统、语音识别系统中存在的性别、人种歧视问题，往往都源自这类偏差。这是因为这些系统的训练数据主要来自美国白种人等特定用户群，导致模型在其他群体上难以取得良好效果，从而在实际应用中表现出不同群体间的不合理差异。以知名数据集 LFW（Labeled Faces in the Wild）为例，其中 77% 的样本为男性，同时超过 80% 的样本为白人。与代表性偏差相似的另一种偏差是采样偏差（Sampling Bias），它主要源于数据采样过程中的非均匀采样。这类偏差同样会影响模型在不同群体上的表现。

度量偏差（Measurement Bias）通常出现在预测任务的特征或标签的选择、收集以及计算过程中。它可能由特征选择和收集过程中的固有偏好或误差引发，例如图像数据集中的图片都采自特定拍摄角度，或者在预测学生未来成功的可能性时，仅以简单的课程成绩作为输入特征。前文介绍的犯罪风险预估算法 COMPAS 所出现的歧视问题正是由度量偏差导致的。这种数据偏差源于标签构建过程中的偏见。由于

"犯罪"或"风险"难以量化，因此采用"逮捕"作为"犯罪"或"风险"的代理指标。然而，这种简化可能带来潜在风险，因为受到严格监管的群体在数据中表现出较高的风险，相较于其他群体，他们更容易被逮捕。这种现象可能仅仅是由于不同群体间度量标准的差异所导致的偏差。为了避免这种偏差，需要在度量过程中确保各个群体受到公平对待，并采用更为全面和准确的指标进行评估。

交互偏差（Interaction Bias）泛指因为算法与用户的交互而使算法产生偏见的一类偏差。这类偏差常见于需要与用户产生互动的应用中，如推荐系统、对话系统、搜索引擎等。如推荐系统中常见的选择偏差（Selection Bias），来源于当用户可以自由选择其可以交互或打分的物品时，用户往往会选择其喜欢的物品进行交互或打分，更倾向于给特别好的或坏的物品打分。这就导致推荐系统收集到的交互训练数据是有偏差的，从而损害推荐模型的泛化性，甚至由于多样性下降从而导致信息茧房问题。对于对话系统，其同样易受到系统与用户对话数据影响。此前，Microsoft 在 Twitter（推特）平台上推出的对话机器人 Tay 可通过与 Twitter 用户互动进行持续学习优化，但在一天后便由于受用户偏见数据影响输出偏激言论而被关闭。

　　还有许多偏差产生的原因在于智能算法所使用的训练数据是由人类生成或标注的，这些数据往往会天然地携带人类社会自身存在的一些偏见。典型的有**历史偏差**（Historical Bias），如 NLP 模型训练常用的万维网公开数据，通常包含各种固有偏差，如程序员、CEO 等职业中男性的确占比更高，这些数据反映了现实世界的历史偏差，从而导致训练的 NLP 模型中这些职业在语义上相比女性与男性更相似。**公众偏见**（Population Bias）在推荐系统中较为常见，指用户与某物品或信息的交互可能仅仅是因为它们当前比较火热，而非出于兴趣。这种偏见容易误导模型训练，加剧马太效应，导致长尾内容被忽视。**社会偏差**（Social Bias）[98] 描述了其他人的意见或决定对个人自身判断的影响。例如，我们想要对一个物品给出较低评分时，受到其他高评分的影响，往往会改变评分，认为自己可能过于苛刻。**行为偏差**（Behavioral Bias）源于不同平台、上下文或不同数据集的不同用户行为。例如，在社交媒体平台上，用户可能会在特定话题下使用一种特殊的交流方式，而在另一个平台上则表现出完全不同的行为。用户在工作场景和私人场景下的行为也可能存在显著差异，如在 LinkedIn 上的正式沟通与在 Twitter 上的轻松互动。如果模型不能识别这些行为差异，可能会导致错误的推断。**时序偏差**（Temporal

Bias）产生于种群和行为随时间的差异。比如人们在社交网络上谈论某个特定话题时，开始会使用标签来吸引注意力，然而之后继续讨论该事件时则可能不再使用标签。再如，随着时间的推移，人们对某些事物的看法可能发生变化，如环保意识的增强导致人们更关注可持续发展。**内容生产偏差**（Content Production Bias）源于用户生成的内容在结构、词汇、语义和句法上的差异。例如，不同性别和年龄的人对语言使用的习惯有很大差异，这种差异在不同的种族间表现更为明显。

此外，算法的偏见歧视可能会在用户与算法的反馈循环（Feedback Loop）中不断加剧。一方面，由于具有偏差的训练数据和算法自身存在的歧视隐患，算法会产生带有歧视性的结果。另一方面，这些歧视性的结果也会进一步影响和重塑用户行为，使得用户交互中产生更多带有偏见和歧视的数据用于模型的进一步训练。这种现象在推荐场景下尤为明显，以位置偏差为例，排名靠前的物品通常受益于更大的流量，这反过来又增加了它们的排名突出程度和接收的流量，从而导致"富者愈富"的现象[99]。

4.1.2　数据不可信、算法脆弱

数据除了可能引发算法歧视问题外，也可能因其中的不可信数据对机器学习模型造成严重破坏。这里的不可信数据，指的是模型的测试或训练数据集中可能被恶意攻击者植入特定样本，这些被篡改的数据可能导致模型性能急剧下降、行为异常或受到操控，从而造成巨大的安全隐患。以自动驾驶领域为例，攻击者可通过对交通标识实施恶意篡改，进而实现对抗性逃逸攻击。这将导致自动驾驶系统做出错误的判断，最终可能引发交通事故。在电商领域，不法分子可能通过采用投毒攻击等手段，影响商品推荐模型的训练，从而提高特定商品的曝光率，谋求不正当利益。针对机器学习模型的攻击手段繁多，根据攻击阶段和目标对象的不同，主要可分为逃逸攻击和投毒攻击两大类。逃逸攻击旨在通过精心设计的对抗样本，使模型在测试阶段做出错误的预测。而投毒攻击则指在模型的训练过程中，通过植入恶意样本，操纵模型学习到错误的模式和特征，进而影响模型在实际应用中的表现。下文将从相关方面介绍相关研究工作，理解不可信数据引发的算法脆弱问题，以期为应对这类问题提供理论支持。

1. 逃逸攻击

逃逸攻击是指攻击者在不改变目标机器学习系统

的情况下，通过构造特定输入样本来欺骗目标系统的一种攻击方法。这种攻击方法主要寻找模型处理特定输入的弱点并加以利用，以达到操控和破坏的目的。逃逸攻击与后文中提到的投毒攻击的主要区别在于逃逸攻击发生在模型的测试阶段，并不会影响到模型的训练过程，难以察觉与防范。

一个著名的逃逸攻击示例是 Goodfellow 在 2015 年 ICLR 会议上展示的熊猫与长臂猿分类的例子[100]，被攻击的对象是来自 Google 的图像分类算法 GoogLeNet。在正常情况下，GoogLeNet 可以准确地区分熊猫与长臂猿等图片。但当攻击者向熊猫图片中添加了少量人类无法察觉的噪声（对抗噪声）后，一张看似熊猫的图片却被 GoogLeNet 误认为是长臂猿。这种攻击样本通常被称为对抗样本，由其发起的攻击也被称为对抗攻击。对抗攻击是实现逃逸攻击的主要手段。对抗攻击能够成功的根本原因是模型并未学到完美的判别规则，而只是利用了一些不稳定的可疑特征，为攻击者提供了规避模型检测的机会。

给定一个训练好的机器学习模型 f 和一个原始的输入样本 x，生成一个逃逸攻击的对抗样本 x'，使逃逸攻击被形式化为一个盒约束的优化问题[101]。

$$\min_{x'} \| x' - x \|$$
$$\text{s.t.} f(x) = l$$
$$f(x') = l'$$
$$l \neq l', x' \in [0,1]$$

式中，l 和 l' 分别表示 x 和 x' 的预测标签；$\| x' - x \|$ 表示原始样本和对抗样本之间的距离。令 $\eta = x' - x$ 表示加在原始样本上的扰动，这个优化问题的目的是找到一个合法的对抗样本，最小化扰动的大小，并且使得分类模型改变其预测的标签。这个优化问题的意义是要找到一个与原始样本很接近的样本，使得机器学习模型将其分类为与原始样本不同的类别。在这个问题中，盒约束指的是对对抗样本的特征值进行限制，使得对抗样本仍然在特征值为 0 到 1 的范围内。

自从 Szegedy 等人[102]与 Goodfellow 等人[100]证明了图像分类任务中深度模型对于对抗样本的脆弱性后，大量的研究者开始探索深度模型的鲁棒性问题，并提出了各种各样的攻击手段。在计算机视觉领域，Papernot 等人[103]提出了一种迁移攻击方法，可以将攻击模型的对抗样本迁移到另一个模型上，并攻击目标模型，这项工作揭示了对抗攻击可以具有迁移性。

Carlini 和 Wagner[104] 提出了一种基于 ℓ_2 距离的对抗样本生成方法，可以在不知道模型架构的情况下生成对抗样本，并攻击模型。Moosavi-Dezfooli 等人 [105] 提出了一种称为 "DeepFool" 的无模式对抗样本生成方法。Athalye 等人 [106] 提出了一种基于梯度混淆的攻击方法，可以欺骗模型并绕过此前的防御方法，证明了此前防御方法存在缺陷。

在自然语言处理（NLP）领域，对抗攻击也已经成为一个备受关注的问题。这些攻击通过对文本中的单词或句子进行微小修改，从而使许多 NLP 模型产生错误的输出。例如，情感分析系统可能无法正确地对情感进行分类[107]，问答系统可能给出与问题不相关的答案[108]，而机器翻译系统可能生成错误的翻译或者产生语义混乱[109]。而针对基于提示语 / 指令（Prompt/Instruction）微调的大规模语言模型，如 Chat GPT，一些新的攻击手段，如提示语注入攻击（Prompt Injection Attacks），也逐渐流行。这类注入攻击的本质是在用户输入的数据中混入可执行的命令，迫使语言模型执行意外动作，绕过语言模型的安全机制，泄露敏感信息、输出危险内容。

在语音识别方面，研究人员发现通过对抗性扰动，可以迷惑自动语音识别系统（ASR）而不影响人类听众的理解[110]。研究人员已成功地生成混淆音频命令（人类无法辨认的噪声），以诱使诸如 iPhone 6 等设备执行恶意操作，如切换飞行模式或拨打 911[111]。此外，甚至一些恶意软件检测系统本身也容易受到对抗攻击样本的误导，如 Android 系统的恶意软件检测系统无法发挥应有的防护作用[112]。

2. 投毒攻击

投毒攻击，又称中毒攻击，是一种专门针对机器学习模型训练阶段的恶意攻击策略。攻击者在此过程中通过向模型的训练数据集中植入污染的样本，以此来损害模型的预测准确性，甚至实现对模型行为的操控。如攻击者可向推荐系统中注入虚假的用户行为记录，从而使训练后的模型大量推荐特定商品，谋取利益；也可能向情感分类训练数据中注入错误标签数据，从而使训练后的模型在实际应用中对文本情感判断失真，从而对特定产品产生不公正影响。与逃逸攻击不同的是，中毒攻击发生在模型的训练阶段，攻击者可以利用这一阶段的漏洞，操纵模型学习到错误的模式和特征，从而影响模型在实际应用中的表现。

数据中毒攻击通常被形式化成一个双层优化问题[113]，

$$\min_{X_p \in \mathcal{C}} \mathcal{L}\left(F\left(x^t, \theta'\right), y^{adv}\right)$$

$$\text{s. t.} \quad \theta' = \text{argmin}_\theta \mathcal{L}\left(F\left(X_p \cup X_c, \theta\right), Y\right)$$

式中，$\mathcal{L}$ 是模型训练的损失函数；F 为具有参数 θ 的神经网络；X_p、X_c 分别表示中毒数据和干净数据的集合。换句话说，该公式旨在寻找具有以下属性的中毒样本：当使用中毒数据和干净数据进行训练以获得参数 θ' 后，生成的模型会将目标数据划分到攻击者所期望的类别。

中毒攻击最早由 Barreno 等人提出 [114]，很快便引起广泛关注，并被用于恶意软件检测、推荐系统、人脸识别、自动驾驶等众多领域。例如，攻击者在推荐系统中注入虚假用户，利用伪造的评分记录影响推荐算法的训练过程，使得推荐系统将指定的物品推荐给大量用户 [115]。Cherepanova 等人提出在社交媒体网站上对面部图像进行中毒攻击，以防止被用于人脸识别系统，他们使用大型数据集、数据增强和一组替代模型来创建扰动后的面部图像 [116]，进而利用这些数据干扰原人脸识别系统性能。

特征碰撞攻击是一种常见的中毒攻击手段，此类攻击希望构造一些中毒样本，它们在输入空间上与原始

样本接近，然而在特征空间上与目标样本近似，从而
误导模型将原始样本误分类为目标样本的类别[117-118]。
影响力函数建模了单个样本对训练得到的模型参数的
影响，一些研究者利用这种影响函数加速双层优化，
从而创建更强大的数据中毒攻击[119-120]。这种方法可以
帮助攻击者更有效地定位和修改训练数据，以达到破
坏模型的目的。梯度匹配攻击是另一种通过精心构造
训练数据中部分样本来影响模型训练过程的方法。攻
击者在这种策略中制造特定的梯度，从而影响模型在
训练过程中的参数更新，使其测试阶段产生不良的性
能表现[121]。这些中毒样本的特点是，在模型训练过程
中，它们会产生与攻击者期望的梯度非常接近的梯度。
这样，模型在训练过程中的参数更新将受到这些中毒
样本的影响，从而在测试阶段产生不良的性能表现。

另一种与数据中毒攻击密切相关的攻击类型是后
门攻击。后门攻击的主要实现方法是通过数据中毒的
方式，在训练集中添加一些带有特定触发器（Trigger）
的样本，从而在被攻击的模型中植入后门。例如，
BadNets 方法[122]首次提出后门攻击概念，通过在图像
分类模型的训练图像上的固定位置（如右下角）叠加
特定标记，使得训练后的模型携带后门。这样，在推
理阶段遇到带有相应标记的图像时，模型会输出预设

的标签。在此之后，相关人员针对后门攻击的目标攻击、黑盒攻击、标签一致性和隐藏触发器等方面进行了一系列深入研究，包括：Chen 等人[123] 研究了如何利用数据投毒技术实现针对深度学习系统的目标后门攻击方法；Turner 等人[124] 提出了一种标签一致的后门攻击方法，攻击者在训练数据中添加的触发器不会改变原始标签，使得攻击更难以被发现；Saha 等人[125] 研究了隐藏触发器的后门攻击方法，通过在训练数据中添加难以察觉的触发器，实现对模型的潜在控制。后门攻击具有以下两个特点：

1）当模型的后门未被触发时，被攻击的模型具有与正常模型类似的性能表现。

2）当模型中隐藏的后门被攻击者激活时（通常是因为样本中携带特定的触发器），模型的输出将变为攻击者预先指定的标签。这使得后门攻击通常非常隐蔽，难以发现和防范。

3. 其他分类体系

除逃逸攻击和投毒攻击的分类体系之外，还可以根据攻击者所能获得的知识从不同角度对攻击类型进行划分。这种知识水平差异直接影响了攻击的难度和有效性。拥有较少知识的攻击者可能需要利用启发式方法或黑盒攻击策略，而拥有更多知识的攻击者则能设计更精确的攻击，甚至利用内部知识构建定制化的攻击样本。因此，对于模型的攻击又可分为白盒攻击和黑盒攻击两大类。白盒攻击指的是攻击者在已知目标模型所有信息情况下构造攻击样本的攻击手段，涉及的信息包括训练数据、模型结构、权重、超参数以及激活函数等。一个典型的例子是 Goodfellow 等人提出的基于模型梯度进行攻击的 FGSM 算法[100]，该方法需要知道模型的结构和参数来计算梯度以指导对抗样本的更新。尽管白盒攻击相对容易实施，但在大多数场景下，攻击者难以获取模型的内部信息，因此其应用场景受到限制。相较之下，黑盒攻击指的是攻击者在不了解目标模型任何内部信息的情况下进行的攻击。这类攻击者通常只能获得模型的输出结果，通过输出来评估模型对于对抗样本的反馈。例如，Xu 等人提出的基于遗传算法的黑盒攻击方法成功绕过了 Gmail 的恶意 PDF 检测[126]。由于不需要掌握目标模型的具体信息，黑盒攻击更易在现实环境中部署和实施。黑盒攻击的普遍性和适用性使其在实际应用中更具挑战性，需要研究人员提出更有效的防御措施以应对此类攻击。

从攻击目标的角度来看，攻击又可以分为定向攻击和非定向攻击。定向攻击旨在使模型误导至攻击者指定的类别。例如，在人脸识别系统中，攻击者可能希望将未授权的人脸伪装成已授权的人脸，以实现非法授权[127]；在推荐系统中，提升指定商品的曝光流量[115]。定向攻击需要在降低深度学习模型对输入样本真实类别的置信度的同时，尽可能提高攻击者指定类别的置信度，因此攻击难度相对较大。与定向攻击不同，非定向攻击的目标仅是让模型出错或降低其性能，而无须指定具体的类别。因此，非定向攻击的实施难度相对较小。例如，在监控系统中，攻击者可能只希望通过生成对抗样本达到规避检测的目的，而不需要伪装成某个特定的人物。在另一个场景下，针对推荐系统，攻击者可能只想破坏竞争对手平台的推荐结果质量，从而影响他们的用户体验[128]。

4.1.3 隐私攻击

除了前述针对模型完整性、一致性的攻击外，智能算法的另一大类威胁则是针对模型机密性的隐私攻击。现有算法模型依赖的海量数据中往往存在大量的敏感信息，如推荐系统中常用到的用户行为数据、医疗模型使用的病例数据、公司内部的机密数据。例如ChatGPT所使用的人工标注对齐数据。众多研究表明，现有机器学习模型训练过程中的梯度以及输出结果都存在隐私泄露的隐患，从而导致个人隐私受侵犯或企业机密泄露，带来法律与道德风险。算法的这些缺陷，吸引了恶意攻击者针对算法模型背后的敏感数据开展攻击，通过发现模型的漏洞来推测潜在的敏感数据，进而非法利用，严重侵犯用户的个人隐私。目前，针对模型数据的隐私攻击，主要可分为成员推断攻击、属性推断攻击、数据抽取攻击三大类。本节将对这三类攻击进行详细介绍。

1. 成员推断攻击

成员推断攻击（Membership Inference Attack，MIA）旨在推断某个特定数据记录是否参与了目标模型的训练过程。具体来说，考虑一个针对某个疾病数据集训练的模型，如果可以推断某个人的数据记录被用于该模型的训练，那么攻击者就可以推断出这个人曾患有该疾病，从而导致个人隐私的严重泄露。成员推断攻击的概念最早由 Homer 等人提出[129]，并指出了这种攻击方式可能带来的潜在危害。随着机器学习模型的广泛应用和迅速发展，Shokri 等人[130]首次在机器学习模型上评估模型遭受成员推断攻击的风险。他们的研究引起了学术界的广泛关注，并促使许多研究者进一步探讨成员推断攻击在机器学习领域的应用及其影响。

近些年，研究人员从多个角度对成员推断攻击进行了深入的研究。从攻击者的角度来说，攻击者所掌握的背景知识通常会影响成员推断攻击的风险。根据攻击者所掌握的背景知识可以分为白盒攻击与黑盒攻击。白盒攻击[131-133]假设攻击者可以获得模型具体的参数信息，通常利用模型的梯度信息、损失信息或内部激活信息来推断一个样本是否属于训练集。Melis等人[133]利用模型的损失和梯度信息，实现对训练数据的窃取；Leino等人[134]利用模型内部激活模式去推断一个样本是否存在于训练集。在白盒设置下，成员推断攻击往往更加高效，模型往往表现得十分脆弱。不同于白盒攻击，黑盒攻击[132, 135-136]往往假设攻击者无法获取模型的内部参数，目标模型可能只作为一个API接口供他人访问。具体来说，攻击者只能通过查询目标模型来获取目标模型的输出，进而进行成员推断。例如，仅利用目标模型的输出概率分布来判断样本是否出现在训练集中。在应用领域上，相关人员开展了一系列研究，对图像领域的常用卷积神经网络、生成对抗网络、自然语言处理的大规模预训练语言模型、网络表示学习的图神经网络进行了细致的分析。这些研究总体表明现在的深度学习模型都很容易被成员推断攻击侵入，从而导致训练数据隐私的泄露。

目前，针对机器学习即服务（MLaaS）等一系列代表 API 黑盒模型的成员推断攻击，主流攻击范式大多遵循 Shokri 等人提出的影子训练方法[130]。攻击过程大致可分为以下三个阶段：

1）攻击者使用与目标数据集分布相近的影子数据集来训练一个影子机器学习模型，以模仿目标模型的行为。

2）攻击者利用影子模型的输出及其对应的成员标签（攻击者知晓训练自己模型的数据成员）来训练一个攻击模型，用于推断目标数据集的成员状态。

3）在需要对目标数据进行推断时，攻击者将目标数据记录输入到目标模型中，获取输出结果。然后将这些输出结果输入攻击模型，进行最终的成员推断。

这类攻击方法的核心思想是利用攻击者可以访问的外部数据和模型输出信息，构建一个与目标模型行为类似的影子模型，从而实现对目标模型训练数据成员的推断。尽管黑盒攻击相对困难，但此类方法在某些情况下仍具有较高的威胁，需要引起足够关注。

一般认为，机器学习模型普遍存在的过拟合现象导致模型在其训练集数据和未见过数据上的表现不一致，从而为成员推断攻击提供了可乘之机。然而，近期研究表明，过拟合现象并非导致成员推断攻击生效的唯一原因[137-138]。Long 等人[137]在一个泛化能力极佳的模型上进行成员推断攻击，并取得了成功。他们通过寻找能使模型决策产生显著变化的样本，并利用对照实验的方式进行成员推断。同时，许多研究人员发现，即使模型在训练集和测试集上表现接近，仍存在受到成员推断攻击的风险。

因此，关于成员推断攻击生效的根本原因尚无定论。现有的成员推断攻击防御机制往往无法在保证模型效用的同时从根本上消除成员推断攻击。如何使机器学习模型能够有效抵御成员推断攻击的威胁仍是一项重要而艰巨的任务。

2. 属性推断攻击

属性推断攻击（Attribute Inference Attack，AIA）的目标则是推断目标模型训练集中未被编码的敏感属性。以商品推荐模型为例，若攻击者成功利用属性推断攻击技术推断出购买某一商品的用户群体的收入水平，那么这将导致严重的数据隐私泄露问题。与针对单个数据记录的成员推断攻击不同，属性推断攻击利用了来自同一分布的数据集中数据特征存在统计关联的特性进行攻击。这意味着攻击者试图从整个数据集中推断出某些属性信息。属性推断攻击是一个较早期的研究领域，2009 年，Narayanan 等人[139] 就在其研究中直接研究了社交网络中属性推断攻击。因此，针对社交网络、推荐系统等用户之间有显著关联的场景下的属性推断攻击现象十分严峻。早期的属性推断攻击往往通过简单的统计方法与人工制定的规则来对公开数据集进行属性推断攻击。这种攻击方式虽然简单，但是已经证明通过属性推断攻击来窃取数据隐私的可行性。而随着机器学习的迅速发展，这一领域也逐渐受到研究人员的关注和重视。属性推断攻击方法也变得更加复杂和精细。攻击者可能利用机器学习算法来挖掘数据之间的深层次关联，从而更准确地推断出敏感属性。

随着越来越多的研究揭示深度学习模型广泛存在隐私泄露问题，对深度学习模型中的属性推断攻击的研究也日益增多。同样地，属性推断攻击根据攻击者所掌握的知识也可分为白盒攻击[140-141] 与黑盒攻击[142]。Hitaj 等人[140] 在白盒攻击的场景下针对生成对抗网络的隐私敏感属性进行推断，同时 Song 等人[141] 也在白盒攻击的场景下试图通过分析目标模型的输出结果，并结合信息熵等指标对输入数据中的隐私敏感属性信息进行属性推断攻击。在黑盒攻击下，一个典型的研究是 Ganju 等人[143] 进行的属性推断攻击。他们提出了一种基于置换不变表示和基于梯度的优化算法来推断目标属性。这种方法仅需要访问目标模型的输入输出，而无须访问模型内部参数，因此具有很高的适用性。值得注意的是，影子训练范式也适用于黑盒场景下的属性推断攻击。攻击者可以利用一批目标敏感属性已知的影子数据集来训练影子模型，然后按照与成员推断攻击中影子训练范式相同的步骤完成推断。

尽管目前已经有大量学者着手研究属性推断攻击，但是不同于成员推断攻击，关于属性推断攻击成功机理的研究却寥寥无几。目前来说，过拟合并不是属性推断攻击成功的原因。由于还未能知晓属性推断攻击成功的根本原因，对于属性推断攻击进行防御也依然是目前研究的一大前沿问题。

3. 数据抽取攻击

数据抽取攻击（Data Extraction Attack），又称模型记忆攻击（Model Memorization Attack），是针对智能算法的一种严重的数据隐私攻击手段。数据抽取攻击利用模型未被修复的漏洞来直接窃取目标隐私数据本身。不同于属性推断攻击通过对已有的数据集进行分析推断出某些敏感信息，数据抽取攻击则是攻击者直接利用某种手段获取数据集本身的数据记录。数据抽取攻击的成功可能会导致严重的隐私泄露，不仅包括个人隐私信息，还可能涉及商业机密、知识产权等敏感数据。

目前，关于机器学习模型下数据抽取攻击的研究越来越多。Carlini 等人 [144] 早期在 GPT-2 模型上研究了训练数据泄露的问题，发现可以通过特定的输入提示或条件，引导模型生成泄露训练数据的输出，这其中可能包含个人住址、邮箱等隐私信息。类似地，在 GitHub 源代码预训练的代码生成模型 Copilot 也被发现存在类似的风险。研究人员发现，这样的问题在 ChatGPT 这类模型上依然存在，斯坦福大学的研究人员通过向 Bing 对话机器人输入特定的提示语，从而获得了其背后的内部文档细节。而针对 OpenAI 对 ChatGPT 以及 GPT-4 不开源决策的回应，相关人员利用这些模型的公开 API 进行数据蒸馏工作甚至数据提取攻击，从而获取语言模型训练语料开发其他语言模型。但这样的方式也引起了关于数据所有权等方面的众多争议。此外，在计算机视觉等其他领域，数据提取攻击同样也是一个关键的隐私问题，如 Zhu 等人 [145] 发现利用模型的梯度信息，便可还原出模型使用的训练图像。

从技术角度来说，数据抽取攻击依然可以根据攻击者所掌握的知识程度分为白盒攻击[145]与黑盒攻击[142]。Zhu 等人[145]通过分析一些主流深度学习模型在进行损失计算后的梯度信息，发明了一种基于梯度泄露的数据抽取攻击方法，成功地推断出了训练数据。这种方法揭示了现有深度学习模型易受数据抽取攻击的事实。为了提高攻击算法的可适用性，并挖掘数据抽取攻击的本质，Fredrikson 等人[142]发明了一种基于黑盒场景的数据抽取攻击方法。在 Fredrikson 等人的工作中，攻击者在黑盒攻击的场景下，仅仅利用机器学习模型的输出，就已经可以较为准确地推断出模型的某些具体训练数据，对个人数据隐私造成了严重的威胁。

数据抽取攻击之所以能够成功，主要原因在于深度神经网络模型本质上是从输入到输出的映射关系。攻击者通常通过构造特定数据并获取模型的输出，进而尽可能准确地反向推测出该映射函数，以获取潜在的目标输入隐私数据。数据抽取攻击作为隐私攻击中的一种较新的手段，其研究体系尚不完善。但数据抽取攻击并不仅局限于传统的图像和自然语言处理场景。随着金融、医疗、社交网络等各个领域对人工智能技术需求的不断扩大，数据抽取攻击可能在更多场景中揭示深度神经网络模型在数据隐私泄露方面的本质特征。

4.2　可行技术路径

4.2.1　消除算法偏见、提升算法公平性

为消除算法偏见提升算法的公平性，目前的研究工作主要通过事前、事中、事后三类方法来进行调整。

（1）事前方法

事前方法关注解决算法歧视问题的根源，即数据本身。由于特定敏感属性的分布可能存在偏见、歧视或不平衡，事前方法旨在调整不同敏感属性的样本分布，或者对数据进行特定的转换以消除训练数据中的歧视。这种方法的核心思想是在修复后的数据集上训练模型。在技术手段上，事前方法往往采用采样、重加权等方式调整样本分布。一个典型的例子是微软对其面部识别算法 Face API 的数据集进行优化，以解决 Buolamwini 研究中指出的性别歧视问题。通过调整肤色、性别和年龄在数据集中的占比以及改进分类器，算法在识别肤色较深的男性和女性之间的错误率显著降低，不同群体间的性能差异也得到了极大改善。事前方法被认为是机器学习系统开发流程中最灵活的部分，因为它对后续应用的建模技术选择没有任何假设，因此适用于黑盒场景。但这类方法更重要的优势是直

击算法歧视的数据根源。然而，事前方法中常用的倾向分数权重往往难以估计，且调整后的数据集可能会损失过多原始数据中隐含的信息，从而影响模型的最终效果。近年来，一些基于公平表示学习的新方法已被提出，用于数据预处理阶段的偏见消除。这些方法主要利用自编码器或生成对抗网络等技术将原始数据映射到更无偏的表示空间，实现敏感属性的混淆，从而提高模型的公平性。

（2）事中方法

事中方法认识到建模技术经常会因主要特征、其他分布效应而产生偏差，或者试图在多个模型目标之间寻求平衡，例如试图拥有一个既准确又公平的模型。为解决这个问题，事中方法通常将一个或多个公平性指标融合到模型优化函数中，以实现最大化性能和公平性的模型参数化。事中方法修改算法来确保最终模型的公平性，而无须对训练数据进行加工。它一般通过在模型训练过程中引入正则约束最小化固有偏见的影响，或者通过因果推断等方式在模型学习过程中去除数据中的混杂因子或敏感因子的影响，从而使模型的结果更加公平。例如，在基于性别、年龄和种族等特征对样本进行聚类的基础上，构建正则约束模型可以改善人脸识别系统的个体公平性[146]，针对前文提到的推荐系统的公众偏见问题，从因果推断的角度出发，将物品流行度建模为曝光物品与交互之间的混杂因子，并删除它以获得在物品热度方面公平的推荐结果[147]。反事实推理、因果干预同样也被用于文本分类、机器翻译等自然语言处理任务，利用反事实数据增强解耦性别词与中性词之间的关联，从而消除文本数据中存在的性别方面的历史偏见[148]。对抗训练是一种常见的实现模型公平性的事中方法。当对抗训练应用于解决模型公平性问题时，判别器会试图确定训练过程是否公平，如果不公平，则使用判别器的反馈来改进模型[149]。该领域的大多数方法使用建模于判别器内部的公平性概念，将反馈应用于模型调优。对于一种事中方法，如果一个敏感变量可以通过因变量就预测得到，判别器就会惩罚模型。事中方法无须对训练数据进行加工，聚焦于保证模型训练过程的公平，但其往往难以处理应对不可观测的敏感属性上的偏差问题。

（3）事后方法

事后方法认为，算法模型的实际输出可能对受保护变量中的一个或多个受保护变量不公平。因此，事后方法倾向于对模型输出进行转换来提高预测的公平性。事后方法非常灵活，因为它只需要访问预测结果和敏感属性信息，而无须访问实际的算法和模型。这使得它们同样非常适用于黑盒场景，如调用第三方机器学习服务。事后方法对已训练好的模型的输出结果进行调整，以消除训练数据和/或训练过程中残留的不公平性。它往往通过修正模型在敏感属性下的决策阈值，来满足结果在敏感属性上的公平约束。其动机在于，由于决策者的偏见，歧视性决策往往在接近决策边界的地方做出[150]，并且人类在做出决策时会应用阈值规则[151]。阈值方法通常寻求找到分类器的后验概率分布区域，其中优势和弱势的群体都既会被分为正类又会被分为负类。这种情况被认为是模棱两可的，因此可能受到偏见的影响。当然，事后方法可以与前述方法结合使用，以进一步确保系统的公平性。然而，作为一种补救措施，事后方法的研究大多是启发式的，难以保证效果。

在算法公平性研究取得显著进步的同时，业界在算法公平性工具方面也取得了一系列成果。2018年5月，Facebook发布了Fairness Flow工具，它能够在算法因为种族、性别和年龄等因素做出不公平的判断时提醒开发者。2018年9月，IBM开源偏见检测工具AI Fairness 360工具包，包括超过30个公平性指标和9个提升公平性的算法。Microsoft同样开源了Fairlearn用于检测以及缓解机器学习模型的公平性问题。Google

也推出了用于 TensorBoard 中检测模型偏见的工具 What-If，允许用户在不编写代码的情况下分析模型的公平性，以及 ML-fairness-gym 用于探索在社会环境中部署的智能算法在公平性方面的潜在长期影响。此外，初创公司 Pymetrics 同样开源了用于检测偏见的工具 Audit-AI。

尽管学术界与工业界在提升智能算法公平性方面已经取得一系列成果，但算法公平性目前依然是一个开放且有争议的研究问题。研究人员从不同角度，如机会与结果、个体与群体等，已经提出大量的公平性指标，如无意识公平、个体公平、群体公平、机会均等、反事实公平等。在实际应用中，公平性在不同领域不同场景下往往差异极大，且不同定义之间（如个体公平与群体公平）经常存在冲突。如何提出统一的公平性度量框架，以及相应的高效去偏治理技术，仍是亟待解决的研究问题。

4.2.2　可信治理提升算法鲁棒性

目前，针对各种恶意攻击数据所导致的数据不可信问题，研究人员已经研究出多种具有针对性的方法和工具来提升算法的鲁棒性。从数据治理的角度出发，这些方法主要可以分为两大类。第一类方法主要集中在数据层面，研究者们提出了各种异常检测方法来识别清除或者重建对抗样本、中毒样本等不可信样本。这种方法旨在从数据源头减轻恶意攻击样本带来的影响，从而提高智能算法在面对恶意数据时的鲁棒性。这些针对数据的防御方法可以有效地识别出可能对模型造成负面影响的数据，从而保证模型在训练和推理过程中的稳定性和可靠性。第二类方法主要专注于提高模型本身的抵抗能力，使其在面对不可信样本时仍能保持稳定的性能。这种方法包括对模型结构进行改进、采用鲁棒性更强的损失函数和优化算法，以及引入正则化技术等。这些策略旨在增强模型在面对恶意攻击数据时的稳定性和安全性，从而避免模型在实际应用中受到恶意数据的干扰。

1．数据侧治理方案

在数据层面的防御工作中，主要可以分为两类，包括对抗检测和输入重构。首先，许多研究项目关注在测试阶段检测对抗样本。例如，Metzen 等人[152]设计了一种辅助神经网络，作为原始神经网络的对抗性实例检测器。这个检测器是一个轻量级且简单的神经网络，可以预测输入数据是否具有对抗性特征。这一方法的核心思想是在测试阶段辨别输入样本是否属于对抗性，以便在实际应用中保证模型的安全性。另外，Grosse 等人 [153] 为原始深度学习模型引入了一个异常类，用于识别并将对抗性实例归类为异常值。他们发现，通过利用最大均值差异和能量距离等度量方法，可以有效地区分对抗数据集和干净数据集的分布，从而在一定程度上提高模型对对抗攻击的抵抗力。

其次，输入重构技术旨在将对抗样本转换为干净数据。这种方法的核心思想是在模型预测之前消除对抗扰动，从而避免模型受到对抗攻击的影响。Gu 和 Rigazio[154] 提出了一种带有惩罚项的自编码器网络，用于训练一个去噪自编码器。该去噪自编码器将对抗性实例编码为原始数据以消除对抗扰动，从而提高神经网络对对抗攻击的鲁棒性。此外，数据增强技术也可以视为输入重构的一种方法。数据增强通过对原始训练数据应用各种变换来扩充输入样本，从而提高模型的泛化能力。例如，在图像领域，数据增强可能包括旋转、缩放、剪切等操作 [155]。通过让模型在训练过程中接触到更多不同的输入变化，数据增强有助于提高模型对对抗样本的鲁棒性，增强模型在面对不可信数据时的安全性。

除了对数据进行预处理之外，近年来，一些前沿研究开始关注在模型已受到不可信样本损害的情况下，利用机器遗忘技术迅速修复模型，并消除不可信样本对模型的影响[156-157]。机器遗忘的主要目标是，如何在保证模型可用性的情况下，快速地从已训练好的模型中删除指定训练样本的影响，就像它从未学习过这个样本一样。因此，它很适合作为一种补救措施，并与其他防御手段结合使用，以提高机器学习模型的鲁棒性。目前关于机器遗忘的研究还处于早期阶段，主要集中于遗忘算法的设计，根据遗忘的目标的不同，现有遗忘算法大致可分为两大类：精确遗忘和近似遗忘。其中，精确遗忘方法虽然可以保证数据的完全遗忘且过程可解释，但其在可扩展性方面存在严重缺陷，更适用于法律强监管的隐私相关领域。对于模型受攻击的修复、去偏等应用，往往并不需要模型对特定样本的完全遗忘，因此近似遗忘更适用。

近似遗忘对遗忘的确定性要求进行了放宽，以换取遗忘效率与性能的提升，在遗忘操作后，模型可能依旧残存被遗忘样本的信息或影响。这里从遗忘算法是否依赖于特定模型结构角度出发简要介绍近期一些研究成果[158-160]。其中，模型无关的近似遗忘算法重点关注遗忘策略的通用性，实现方案主要集中于梯度分析等手段。其中一些工作聚焦于遗忘效果的理论保证，确保可将指定样本对于模型的影响缩减到一定范围[158, 161]，如 Guo 等人[158] 聚焦于线性模型及凸损失函数下的遗忘效果保证。另一些工作对于遗忘效果缺少必要的理论保证，但手段更加多样。如使用知识蒸馏来实现遗忘[162]，或者给样本加入能使模型训练损失最大化的噪声，以使模型忘掉指定类目样本[163]。模型相关的近似遗忘算法则通常针对具体的模型特点进行优化，以期设计更加高效的遗忘算法。如 Schelter 等人[164] 针对树模型提出 HedgeCut 利用极限随机数实现树模型的快速遗忘能力；针对神经网络，DeltaGrad 通过在训练过程中缓存历史信息，在删除数据点后用近似的方法减少重训练中的计算量[165]；影响函数同样也被用于图数据相关任务的近似遗忘[166]。

2. 模型侧治理方案

在模型层面的防御工作中，研究者主要集中于修改和优化模型，以提高其鲁棒性。这样，模型就能更好地处理对抗样本、中毒样本等不可信数据，从而达到防御效果。为了应对逃逸攻击，最直接的模型增强方法是由 Goodfellow 等人提出的对抗训练[100]。对抗训练借鉴了数据增强的理念，将生成的对抗样本融入训练集，使模型在学习过程中适应对抗样本，从而提高其在面对对抗样本时的鲁棒性。后续研究中，Madry 等人将对抗训练构建为一个 min-max 优化问题，并证明对抗训练可以生成稳定的模型[167]。近年来，尤其是在Athalye 等人的评测中，对抗训练已被证实是一种相对于其他方法更为有效的对抗攻击防御策略[106]。然而，对抗训练也存在一些局限性，如训练过程的复杂性和高耗时。为生成对抗样本，训练过程需要进行迭代，导致训练时间远高于常规训练方式。此外，尽管提升了模型的鲁棒性，对抗训练往往会牺牲模型的精确性。因此，如何在鲁棒性与性能之间达到平衡成为一个值得关注的问题。近两年，大量研究人员试图优化对抗训练的效率与性能，如通过操纵梯度流或利用对抗样本在不同训练周期间的迁移性质来降低计算量。

当然，在模型层面的防御手段不仅仅局限于对抗训练，还有其他手段。例如，剪枝防御方法主要利用模型剪枝技术，在正常样本上去除处于休眠状态的神经元，从而减少模型中潜在的后门，并增强神经网络的安全性[168]。而集成防御则借鉴了集成学习的思路，通过综合不同模型的输出结果来确定样本的最终分类，从而有效地防御中毒攻击[169]。蒸馏学习也被应用于对抗攻击的防御中。这种方法可以平滑模型的梯度，降低模型对输入数据扰动的敏感性，从而提高模型的鲁棒性[170]。自适应噪声注入通过在模型的输入或隐藏层注入可控噪声，增加模型对抗攻击的鲁棒性。通过自适应地调整噪声强度，可以在保持模型性能的同时提高其对对抗攻击的抵抗能力[171]。研究者发现，通过激活函数调整，例如使用非线性、有界或平滑的激活函数，可以降低模型对输入扰动的敏感性，从而提高模型的鲁棒性[172]。鲁棒优化将模型的鲁棒性作为优化目标，通过构建鲁棒性损失函数来引导模型在训练过程中关注对抗攻击的防御。鲁棒优化可以使模型在面对对抗样本时具有更好的泛化能力[173]。此外，解耦表示学习[174]和对比学习也被发现可以有效提升模型的鲁棒性。解耦表示学习旨在将模型学习到的表示分为独立的组件，以消除不同输入特征之间的耦合。这种方法可以提高模型在面对未知攻击时的鲁棒性。对比学习则关注学习输入空间中相似和不相似样本之间的区别。通过对比学习，模型可以学会更好地区分对抗样本与正常样本，从而提高其抵抗对抗攻击的能力。

在提升模型鲁棒性之外，对于模型鲁棒性的评估验证也是实际应用中的关键问题。可认证鲁棒性是指在机器学习模型的安全性评估过程中，可以通过一定的数学理论或算法来保证模型在面对一定范围内任意对抗攻击时的鲁棒性。与经验鲁棒性不同，可认证鲁棒性关注的是对模型安全性的理论保证。可认证鲁棒性在保证模型安全性方面具有重要作用，尤其是在安全性要求较高的应用场景中，如自动驾驶、医疗诊断等。通过实现可认证鲁棒性，研究者们能够更好地理解和评估模型在面对对抗攻击时的行为，从而提高模型在实际应用中的可靠性和安全性。Wong 等人[175] 提出了一种基于凸优化的方法来提升模型的可认证鲁棒性，该方法可用于卷积神经网络。Raghunathan 等人[176] 提出了一种基于半定规划的方法，用于保证具有线性输出层的神经网络的可认证鲁棒性。

4.2.3　算法隐私保护

在前述内容中，详细探讨了针对数据导致的算法歧视和脆弱性等问题的治理方法。在本节，将重点讨论如何解决由算法引发的数据泄露问题。与传统针对数据的存储、传输和访问过程的隐私保护方法不同，针对机器学习的隐私保护方法更关注在模型训练与推理过程中保护数据隐私。针对成员推断攻击等问题，目前研究者已经研发出一些先进、有效的隐私保护通用方法，例如采用协同训练的联邦学习算法和具有理论保障的差分隐私算法等。同时，大量研究者为应对特定攻击形式设计了各种防御策略。这些研究在很大程度上推动了隐私保护技术在业界的深入研究。

1. 联邦学习

联邦学习 [177] 是一种分布式的机器学习技术。它通过多个设备协同训练模型，从而避免了不必要的数据传输。具体而言，在传统的中心式机器学习模型中，通常需要收集来自各个终端的训练数据，将这些数据上传并存储在中央服务器上。这种做法容易导致数据隐私泄露风险。联邦学习通过将模型训练过程分布在各个本地设备上，使得本地数据无须上传至中央服务器。在这种架构下，中央服务器仅负责维护一个全局模型，而各个本地设备则负责训练较小的本地模型。每个本地设备使用其本地数据集训练相应的本地模型，并将梯度等信息发送到中央服务器以协助全局模型的更新。经过多次迭代，中央模型会逐步整合来自各个本地模型的信息，最终实现优化。因此，在联邦学习中，通过传输梯度信息而非隐私数据，可以显著提高机器学习算法的安全性。

联邦学习在许多领域都有广泛应用，尤其在对隐私数据非常敏感的场景中，如输入法、银行系统以及涉及患者隐私的医疗领域和涉及个人行为隐私的推荐系统等，都已经有关于联邦学习的深入研究。然而，联邦学习仍然面临着许多问题，需要研究者们进一步探索和解决。例如，由于联邦学习将机器学习模型分配到每个本地设备上，本地数据的不平衡问题导致了整体模型训练效率较低。此外，目前自然语言处理等领域一些模型规模过大以至于无法在本地设备上部署。但对于隐私保护，已有众多研究证实，联邦学习训练过程中终端之间传递的梯度依然可能泄露隐私。联邦学习只是规避了传输过程中对于原始数据的泄露，对于整个系统的隐私保护，还需要引入下文介绍的差分隐私等其他技术来联合处理。

2. 差分隐私

差分隐私是另一种主流的隐私保护方法。与联邦学习通过分布式技术实现隐私保护不同，差分隐私通过对机器学习算法本身施加约束，以实现有理论保证的隐私保护效果。差分隐私的概念始于 2006 年，Dwork 等人[178]给出了差分隐私的数学定义及相关理论推导，这一定义成为差分隐私研究的基础。它最早是一种在数据发布和数据分析过程中保护个人隐私的数学框架，旨在通过在数据处理过程中引入一定程度的随机性来确保个人信息的隐私安全。在差分隐私的数学定义中，给定一个隐私预算参数（ϵ），一个满足差分隐私的算法应当确保在相邻数据集（仅相差一条数据记录）上进行查询时，输出结果的差别被限制在一个较小的范围内。换言之，当某个个体的数据被添加或删除时，数据库查询的输出结果不会因此发生显著变化，从而保护该个体的隐私。差分隐私为数据隐私提供了一种理论保证，使得即使攻击者具有无限的背景知识，也无法通过分析发布的数据或者算法输出结果来准确地推断出个体的敏感信息。

差分隐私因在保护隐私方面的众多优越性，很快被引入到机器学习中，用于机器学习算法的隐私保护。比较早期的工作，如 Chaudhuri 等人 [179] 将差分隐私用于逻辑回归，通过在目标函数的优化过程中加入噪声来实现隐私保护。而自 Shokri 等人 [180] 与 Abadi 等人 [181] 将差分隐私成功应用于深度学习模型后，差分隐私算法成为机器学习隐私保护的主流选择。差分隐私在机器学习下的定义与在数据库下定义类似，要求对于任意相邻数据集（相差一个样本），在给定任意查询的情况下，这两个数据集上训练的算法模型对查询输出结果的差距应限制在特定的隐私预算范围内。换言之，算法模型不会因为某一条数据而产生显著差异。因此，攻击者无法通过分析输出差异来推断数据记录，从而实现隐私保护。具体实现中，防御方往往通过加入随机噪声的方式来让攻击者无法通过恶意构造查询来获取输出的差异。其中，最主流的实现方式是通过对模型训练过程中的梯度进行截断并加入随机噪声[181]。

然而，值得注意的是，引入随机噪声势必会对模型的整体性能产生影响。同时，为了实现更严格的差分隐私保护，需要加入较大的噪声，这将导致一个完全基于差分隐私构建的、不存在隐私泄露的算法模型不再具备实际应用价值。因此，尽管差分隐私提供了良好的隐私保护理论保障，但如何在隐私保护和模型效用之间找到平衡仍是许多隐私保护研究者面临的挑战。此外，值得一提的是，为了严格满足特定隐私预算的差分隐私要求，需要精确生成相应的噪声，这也将带来额外的计算负担。

3. 针对特定攻击的隐私保护措施

虽然联邦学习和差分隐私提供了全面的隐私保护，但它们往往难以针对特定攻击类型提供良好的防御效果，如可能需要牺牲模型自身的性能。因此，越来越多的研究者开始专注于研究如何应对特定攻击手段。特别地，鉴于成员推断攻击的成熟理论体系，本小节将重点介绍针对成员推断攻击的防御方法。

目前，已有研究证实过拟合是成员推断攻击生效的一个关键因素。因此，缓解机器学习过拟合问题对于保护模型免受成员推断攻击非常重要。为此，许多研究人员利用 Dropout 机制和 ℓ_2 正则项[182]来提高模型的泛化能力。此外，Li 等人[183]从输入角度提高模型的泛化能力。他们认为过拟合是因为模型记住了训练集中的数据。为解决这一问题，Li 等人采用混淆数据增强方法替代原始训练数据。同时，为了更好地缩小模型在训练集和测试集数据输出分布之间的差异，他们还利用基于最大平均差异的正则化项来显式建模泛化差异。当然，改进联邦学习或差分隐私技术也可以起到防御成员推断攻击的作用。例如，Mem Guard 等人[184]采用了差分隐私思想，通过在黑盒场景下对模型返回的输出加噪来保护隐私。具体而言，Mem Guard 在保证分类结果不变的前提下，对后验概率向量进行微小扰动，实现隐私保护与模型效用的有效平衡。

4.2.4　算法审计

前文，简要讨论了数据以及算法在实际应用时面临的歧视、安全和隐私等问题以及相应的应对方案。除问题与应对方案外，整个应用生态的第三个维度则是审计监管。审计原指社会学中一种利用问卷或实地考察等手段收集数据以分析识别社会活动、公共政策中是否存在种族歧视、性别歧视等问题的手段。算法审计则是指利用特定输入访问算法，并观察相应的输出以对其不透明的内部工作机制进行推断，并判断其是否存在相应的安全、道德等风险。近年来随着算法安全等问题的突出，算法审计与治理逐渐引起各方面的广泛关注。本节将从政策与技术两方面简要介绍算法审计近年来取得的一系列进展。

在政策方面，由 Google、Facebook、IBM、Amazon 和 Microsoft 等企业率先发布了 *Principles of Partnership on AI*，开启了人工智能治理的新阶段。这个项目旨在引导人工智能的发展，并确保其在各个领域的应用能够遵循道德、社会和法律原则。早期，算法治理主要以原则与政策讨论为主。2020 年 2 月，欧盟委员会发布《人工智能白皮书》，率先提出"基于风险的人工智能监管框架"。此后，主要国家纷纷跟进，均在不同程度开展了监管人工智能相关技术及应用的探索。据经济合作与发展组织（OECD）的统计，全球已有 60 余个国家提出 700 余项人工智能政策举措。而从 2022 年开始，随着可信、负责任等智能算法相关概念与技术的发展，算法监管开始进入技术验证阶段。在政府侧，2022 年初国家互联网信息办公室等四部门出台了《互联网信息服务算法推荐管理规定》；2022 年 5 月，新加坡政府率先推出了全球首个人工智能治理开源测试工具箱——AI Verify；同年 6 月，西班牙政府与欧盟委员会发布了第一个人工智能监管沙箱的试点计划。在市场侧，美国人工智能治理研究机构 RAII 发布了"负责任人工智能认证计划"，向企业、组织、机构等提供负责任 AI 审计认证服务。

　　技术方面，算法审计（Algorithm Audits）一词最早由 Sandvig 等人在 2014 年提出 [185]，它指通过系统地重复使用特定输入请求算法并观测相应的输出结果，以推断算法不透明的内部工作机制 [186]。也就是收集算法在特定环境中使用时表现的数据，然后评估该算法是否对某些利益产生负面影响，从而判断算法本身的好坏。从技术角度，算法的审计可以分为内部审计与外部审计。对于平台内部的自我审计，前文提及的许多分析工具如 AI Fairness 360、Fairlearn，已经在这个方向做了许多卓有成效的探索。平台内部的算法审计，适合用于算法的漏洞发现、风险监测，但对于算法歧视方面的社会性风险，内部审计往往面临着用户在透明性、独立性等方面的质疑，难以保证结果的公正、客观、可信。

　　对于外部审计，早期的一些算法审计工作主要聚焦于对特定应用在具体问题上的审计、监测，尤其集中于搜索引擎领域，如查询不同种族关键词以检测排序结果是否有种族歧视。这种现象是因为搜索引擎的应用形式非常适合第三方独立审计，审计方可以方便地与搜索进行交互，收集结果以做分析。而其他众多应用的审计往往需要依赖平台提供的一些访问接口，甚至构造账号模拟真实用户以获取数据。这些情况对算法的外部审计提出了众多挑战。例如，Twitter、Facebook 等公司都逐渐关闭了一些用于研究的访问接口，以防止暴露自己的算法缺陷。培养账号用户用于算法审计是一个具有潜力的通用解决方案，如注册包含不同敏感属性的账号，用于求职网站、共享出行、推荐系统等应用，收集相应结果以分析算法是否存在问题。这是目前外部审计的主要研究手段，但也面临着众多挑战，如这种方式获得的数据往往较小，从而导致结果可靠性难以保证，并且实验成本太高。现有一些研究人员尝试利用众包的方式收集数据用于算法审计，如利用浏览器插件的方式收集搜索引擎结果页信息用于个性化方面的审计 [187]。这类方法主要集中在可以通过浏览器开展的审计工作，同时也面临着商业公司用户协议等方面的限制，容易引起法律纠纷。

传统的算法审计范式面临着众多挑战，如获得的数据往往较小，从而导致结果可靠性难以保证，并且实验成本太高。目前已有研究人员尝试利用攻击作为审计工具，检验机器学习模型在公平性、隐私性等方面的表现[121, 188]。这类方法自身目前也依然面临着结果可复现性、透明性等多方面的挑战。未来，急需研究智能算法的安全评估、风险监测和模型审计技术，促进大数据驱动的智能算法创新发展，推动大数据应用规范发展和算法治理有"技"可依。

附录 A

常用术语及其解释

数据的保密性是指大数据安全和隐私保护的重要问题。在隐私计算过程中，受保护的原始数据不会泄露给非授权用户，特别是无法在数据融合过程中利用推理等方式通过中间结果获得。大数据治理需要确保数据只能被授权的人员访问，避免数据泄露和滥用。

数据的完整性是指数据没有被篡改或损坏。在传统安全领域中，完整性指的是数据或资源的可信度，包括数据完整性和来源完整性。这里扩充完整性定义为来源完整性、数据完整性和结果完整性。保证数据和计算结果在计算全流程中，不被非法修改和破坏，保证一致性。大数据治理需要确保数据的完整性，防止数据被篡改或伪造。

数据的可用性是指数据可以被授权的人员访问和使用。从计算前、计算中、计算后等几个过程将可用性定义为可学习性、计算开销及可满足性。可学习性是指使用该技术完成特定场景下的特定任务之前所需准备知识的难易度。计算开销则是指该技术完成特定场景下的特定任务时所付出的时间和空间资源的开销代价。可满足性则是指该技术完成特定场景下特定任务后用户对该技术的主观评价。大数据治理需要确保数据的可用性，避免数据被意外删除或丢失。

数据的追溯性是指能够追踪数据的来源、使用和共享情况。这可以帮助识别数据泄露和滥用的来源，从而加强数据安全和隐私保护。

数据的合规性是指大数据治理需要符合各种法律法规和监管要求，包括相关的数据隐私保护法、个人信息保护法等。同时，也需要实现数据安全审计和监管，以确保大数据的安全和隐私保护。

同态加密：对于某种目标运算 f，如果存在一种加密算法和相应的映射运算 g，满足在加密数据上的映射运算 g，等价于在原始数据上进行目标运算 f 后的加密结果，那么就称这种加密算法是一种同态加密算法。

零知识证明是指在证明的双方和环境均不可信的条件下，向对方证明自己拥有某种知识，同时在证明过程中不泄露知识的信息相关的方法，是实现多方信息交互的一种具有应用价值和经济效益的途径。

安全多方计算提供了一种基于密码学的解决方案，

在不泄露隐私数据的前提下，使多个非互信的参与方进行高效联合计算。安全多方计算协议先将参与方输入转化为不可识别的数据再执行计算，使得其他参与方无法得到除计算结果之外的其他信息，利用理想/现实范式为输入隐私提供可证明的安全保证，确保协议即使在不同威胁模型下，参与方和计算方也能遵循协议执行步骤完成计算任务并获取计算输出结果。

联邦学习技术在不传输本地原始数据的前提下通过协同服务器端与多个本地模型进行联合优化，进而聚合多个本地模型的中间参数来得到全局较优的模型，因而能从根源上缓解用户的隐私保护问题并且能够保持模型优越的预测性能。

差分隐私使得针对敏感数据的统计分析和机器学习成为可能，任何人的参与只会对计算结果产生微小的影响，因而也只会受到有限的伤害。换言之，潜在的攻击者难以从已发布的统计信息中推断出任何个人的敏感属性，甚至也无从知晓某条数据是否被使用。

匿名化技术是指在数据发布阶段，利用预处理技术实现对于数据敏感字段标识符的移除，比如姓名、地址以及邮编等私有信息，从而无法通过特定数据确定到具体的个人。

机器遗忘学习在机器学习中也称为选择性遗忘或

数据删除，是指根据训练模型的要求消除训练数据特定子集影响的过程。

可信执行环境是一种软硬件结合的隐私计算技术，通过硬件隔离的方法，将常规执行环境和可信执行环境隔离开，将机密信息在可信执行环境中进行存储和处理，从而保护系统内部代码和数据的机密性和完整性，该环境比常规操作系统有更高的安全性。

智能合约是一种旨在以信息化方式传播、验证或执行合同的计算机协议。智能合约允许在没有第三方的情况下进行可信交易，这些交易可追踪且不可逆转。通俗地说，智能合约就是一种把我们生活中的合约数字化，当满足一定条件后，可以由程序自动执行的技术。

数据标识：数据标识传统上主要应用在仓储物流管理中，用以提升自动化水平，提高工作效率，降低物流成本。随着数字经济的发展，标识不再局限于企业内部管理中，而是被赋予了打通信息壁垒，实现信息共享，挖掘数据价值等更深层次的意义。

数据融合：数据融合也称数据集成是数据管理的核心技术之一，其目标是整合多源异构数据，形成统一的数据视图，包括多源模式匹配、实体表示对齐、属性冲突消解等多个挑战性任务。

数据查询：查询处理与优化是数据管理最核心的功能之一。

代表性偏差是一种极为普遍且典型的数据偏差，其根源在于数据收集过程中的诸多因素，例如原始数据分布不均或数据采集的难易程度等。这些因素导致数据在种族、性别等方面的分布失衡，使得某些非代表性群体在最终数据中所占比例偏低。这种偏差会影响训练出的模型的泛化能力，使其在处理这些特定群体时出现困难。

度量偏差通常出现在预测任务的特征或标签的选择、收集以及计算过程中。它可能由特征选择和收集过程中的固有偏好或误差引发，例如图像数据集中的图片都采自特定拍摄角度，或者在预测学生未来成功的可能性时，仅以简单的课程成绩作为输入特征。

交互偏差泛指因为算法与用户的交互而使算法产生偏见的一类偏差。这类偏差常见于需要与用户产生互动的应用中，如推荐系统、对话系统、搜索引擎等。

历史偏差，如 NLP 模型训练常用的万维网公开数据，通常包含了各种固有偏差，如程序员、CEO 等职业中男性的确占比更高，这些数据反映了现实世界的历史偏差，从而导致训练的 NLP 模型中这些职业在语义上相比女性与男性更相似。

公众偏见在推荐系统中较为常见，指用户与某物品或信息的交互可能仅仅是因为它们当前比较火热，而非出于兴趣。这种偏见容易误导模型训练，加剧马太效应，导致长尾内容被忽视。

社会偏差描述了其他人的意见或决定对个人自身判断的影响。例如，我们想要对一个物品给出较低评分时，受到其他高评分的影响，往往会改变评分，认为自己可能过于苛刻。

行为偏差源于不同平台、上下文或不同数据集的不同用户行为。例如，在社交媒体平台上，用户可能会在特定话题下使用一种特殊的交流方式，而在另一个平台上则表现出完全不同的行为。用户在工作场景和私人场景下的行为也可能存在显著差异，如在 LinkedIn 上的正式沟通与在 Twitter 上的轻松互动。如果模型不能识别这些行为差异，可能会导致错误的推断。

时序偏差产生于种群和行为随时间的差异。比如人们在社交网络上谈论某个特定话题时，开始会使用标签来吸引注意力，然而之后继续讨论该事件时则可能不再使用标签。再如，随着时间的推移，人们对某些事物的看法可能发生变化，如环保意识的增强导致人们更关注可持续发展。

　　内容生产偏差源于用户生成的内容在结构、词汇、语义和句法上的差异。例如，不同性别和年龄的人对语言使用的习惯有很大差异，这种差异在不同的种族间表现更为明显。

附录 B

Y 论坛介绍

深度思辨论坛是 YOCSEF 迈出的重要一步，将推动思辨精神回归中国学术界；这是一股清流，相信会对学术界远离浮躁、助力科研生态建设起到不可或缺的作用。

——CCF 理事长、中国科学院院士梅宏

B.1 Y 论坛的起源与发展

1. 什么是 Y 论坛

YOCSEF 深度思辨论坛（简称"Y 论坛"）是一种处于探索期的新生事物，是新时代 YOCSEF 发展过程中对于技术论坛深度改革的尝试。其主要目标是为科学家（尤其是计算机领域青年科学家）构建一个交流平台，促进计算机科学领域的世界级研究。目前还很难严格地从规范性上对 Y 论坛给出一个明确定义，一般从以下几个特征来区别 Y 论坛与传统技术论坛：

1）**关于会期**：Y 论坛会期一般建议至少为 2 天，而传统技术论坛只有半天会期。嘉宾一般会被要求提前一天抵达会场，会议议程安排非常紧凑，往往晚上的时间也会安排讨论环节。从实践效果来看，少于 1 天的论坛很难真正进行深度思辨，时间太长嘉宾们的参会时间难以得到保障。

2）**关于嘉宾**：论坛嘉宾参与为邀请制，不接受报名或自荐，且原则上要求所有嘉宾参与全过程讨论，中途不允许请假。嘉宾必须是选题相关领域有一定影响力且依旧活跃在一线的专家学者，"走穴型"的不请，与选题不相关的不请，没有在选题方向有公认学术或技术贡献的不请。

3）**关于形式**：会议地点应远离闹市，为参会者营造专注于会议的舒适环境。除引导嘉宾报告外，不设学术报告环节；鼓励嘉宾报告自己还没解决或者是希望去解决的问题，并采取严格措施保护嘉宾的知识产权。在就餐、茶歇等环节采用动态组合制，最大化与会嘉宾相互之间的交流范围。

总之，YOCSEF 就是希望通过 Y 论坛这样的一种学术交流模式，真正地促进计算机领域的基础研究与应用研究，推动交叉方向间的知识互动和产研融合。

2. "求真"文化背景下的论坛深度改革

在多年探索与实践中，YOCSEF 始终坚持以观点论坛和技术论坛等为主要形式的"活动驱动型"发展模式。其中，观点论坛是基础，体现 YOCSEF 的社会性；技术论坛是核心，体现 YOCSEF 的专业性。一段时间以来，很多论坛的组织都存在策划不充分、嘉宾不专业、主题不明确、思辨不深入、总结不充分的系统性问题，突出现象就是论坛匆忙上马、现场跑题严重、会后没有声音，造成组织者感觉不到提升，参与者感觉不到收获，最终引发"为什么要办论坛"的质疑。2019 年以来，YOCSEF 结合时代发展趋势和学会改革需要，直面问题，回归初心，以"求真"为目标、以"思辨"为手段开启论坛活动的深度改革。

在 2020 年的一次关于论坛改革的内部讨论会上，YOCSEF AC、中国科学研究院计算技术研究所（简称中科院计算所）副所长包云岗建议"是否可以通过借鉴与融合国际上较为成功的学术论坛组织模式，如德国 Dagstuhl 论坛 [⊖]，对现有 YOCSEF 论坛活动进行深度

⊖ Dagstuhl 论坛：发起于 1990 年，会议地点固定在德国西南部的 Dagstuhl 城堡。其使命是通过为研究者构建良好的交流平台，促进计算机科学领域的世界级研究。

改革"。包云岗是为数不多的曾受邀组织 Dagstuhl 论坛的国内学者，对该论坛模式的宗旨理念、组织形式等均有深刻理解。这一建议迅速得到了与会 AC 委员的积极响应，认为这极有可能成为 YOCSEF 技术论坛改革发展的重要方向。会后，当届 YOCSEF 主席会议启动技术论坛深度改革的可行性论证，最终确定以为期 2 天的"闭门深度技术思辨"作为论坛主要组织模式，并在论坛选题、嘉宾邀请、会议程序、成果输出等方面形成若干基本准则。

2020 年 8 月 20 日—21 日，经过充分酝酿和精心策划，YOCSEF 首场深度思辨论坛——"第三代人工智能的演进路径"在北京举办，如图 B.1 所示。时任 YOCSEF 主席、清华大学崔鹏和 AC 委员、中国科学院信息工程研究所林俊宇担纲论坛执行主席，邀请了包括张钹、黄铁军、张长水、颜水成、夏华夏、山世光、王井东、王国豫、朱军、朱占星、黄高、刘康、沈华伟、张家俊、邓柯、刘奋荣、张江、王禹皓等 18 位活跃在相关领域的高影响力学者作为论坛嘉宾。此次闭门论坛的成果最终在 2020 年的中国计算机大会（CNCC 2020）上进行了公开发布，引起了领域内的广泛关注，其影响力持续至今。

2021 年 9 月 24 日—25 日，在充分汲取首次论坛经验的基础上，针对我国大数据治理领域存在的内涵目标尚不清晰、理论基础研究薄弱、引领性科技成果匮乏等问题，YOCSEF 精心策划组织了"大数据治理的关键技术路径"深度思辨论坛，如图 B.2 所示。由时任 YOCSEF 主席、北京交通大学李浥东和 AC 委员、中科院计算所沈华伟作为执行主席，邀请了包括谭晓生、熊辉、程学旗、徐葳、崔鹏、范举、贾晓丰、刘洋、李滔、钱宇华、沈浩、谭昶、韦莎、赵志海、袁野、赵鑫等十六位嘉宾参与讨论。此次论坛的成果在《中国计算机学会通讯》（CCCF）上形成了系列成果，同时为我国大数据治理领域的国家政策和规范制定提供了重要支撑。

图 B.1　YOCSEF 首次深度思辨论坛现场

图 B.2　YOCSEF "大数据治理的关键技术路径"技术论坛现场

B.2 论坛组织纪实

1. 关于选题

大数据是信息化发展的新阶段，其作为关键生产要素在推动数字经济发展中的作用日益突显。大数据驱动的智能应用在互联网信息服务、健康医疗、金融科技、智能制造、智慧城市等领域蓬勃发展，深刻地影响和改变着人们的生产生活方式，在国家治理体系和治理能力现代化进程中发挥着空前重要的作用。然而，随着大数据应用进入"深水区"，大数据的"红利"效应在逐渐减弱，数据孤岛问题依然突出，数据安全和隐私保护问题备受关注，数据确权和数据流转问题尚未有效解决，大数据驱动的智能算法面临新的治理难题。这些问题本质上都属于大数据治理问题，是近年来政府、学术界、工业界在大数据领域的关注焦点。

另外，以大数据感知获取、大数据存储管理、大数据分析处理为代表的大数据技术在推动大数据智能应用快速发展的同时，大数据技术自身也获得了长足进步。然而，面向大数据治理的技术却发展相对缓慢，呈现出内涵边界不清晰、发展目标不聚焦、可行路径不明确等问题，在很大程度上制约了大数据的应用范围、赋能深度和安全边界。大数据治理作为一个概念，其本质体现为需求，还是技术？大数据治理的可行路径有哪些？是否存在关键技术路径？这些问题目前依然缺乏明确的答案。

在这样的背景下，2021 年 9 月 24 日—25 日，中国计算机学会青年计算机科技论坛（CCF YOCSEF）在北京中拉文化交流中心举办了"大数据治理的关键技术路径"深度思辨论坛，论坛采用德国 Dagstuhl 研讨会模式进行。本次论坛由北京交通大学李浥东教授和中国科学院计算技术研究所沈华伟研究员共同担任主席，论坛邀请了谭晓生、熊辉、徐葳、赵志海四位作为观点分享嘉宾，程学旗、崔鹏等十余位大数据领域的尖端中青年学者作为思辨嘉宾，共同思辨和探讨大数据治理的内涵、发展方向及可行路径。

2. 关于嘉宾

嘉宾选择是此次论坛的一个重要挑战。首先，由于论坛选题均有很强的前沿性和跨学科性，因此在选择嘉宾方面需要兼顾研究领域和方向的前沿性与科学性。基于以上要求我们旨在选择具有研究潜力并且能够紧跟时事的研究者，这就要求我们要尽可能全面地了解所邀请的嘉宾，不用跟以往一样一味地追求高被引学者等硬性指标。其次，论坛选题需要在近几年来响应国家政策，旨在解决国家近期所面临的重大需求，因此在选择嘉宾方面需要兼顾政府、学术界以及工业界的嘉宾角色，期望能够给大家带来尽可能全面的观点输出。最后，在邀请嘉宾方面打破单一研究领域的原则，在大数据治理方面有所建树的通用研究学者仍然在我们的考虑范围内，比如数据挖掘领域的青年学者、隐私保护领域的青年学者以及数据安全领域的青年学者等，期望这些跨领域学者的齐聚一堂能够为当前主题带来多维度的精彩解读。

B.3 论坛实录

本部分是对 CCF YOCSEF "大数据治理的关键技术路径" 深度思辨论坛嘉宾观点的归纳和总结。需要注意的是，本部分内容既不试图面面俱到地介绍大数据治理面临的问题，也不足以为大数据治理给出明确发展方向和技术演进路径，而是尽可能地将与会嘉宾精彩但不一定成熟的观点进行 "原汁原味" 的呈现，希望以此激发更大范围内的关注大数据治理的研究者、实践者和决策者产生更深入的思考和更有价值的思辨。

根据论坛的议程设置，各位嘉宾首先围绕大数据治理的内涵——大数据治理是什么以及大数据治理要做什么——发表各自的观点，以期为论坛主题的思辨研讨提供一个底座，促进研讨的快速聚焦；进而，论坛围绕大数据安全和隐私保护、大数据管理和数据流转、大数据驱动的智能算法面临的治理问题三个专题深入研讨，同时论坛嘉宾分组从政府、学术界、工业界三个视角对上述问题进行了评论，最终尝试给出大数据治理的可行路径和关键技术路径。

本次深度思辨论坛分为两天进行，主要分为三个阶段：第一阶段为在主会场进行引导发言和破冰环节，随后进行了全体参与的主题为"大数据治理的内涵与研究边界"的思辨讨论；第二阶段将所有嘉宾分为三个小组在分会场进行分组思辨讨论，分组思辨讨论的主题分别为当前大数据治理的挑战和机遇、大数据治理的关键方向与大数据治理的可行技术路径；第三阶段由三个小组在主会场进行汇报总结、全体思辨讨论以及论坛总结。

1. 大数据治理的内涵

大数据治理的内涵缺乏广泛共识，在一定程度上影响了大数据治理的发展。为此，论坛首先通过让思辨嘉宾回答"大数据治理是什么"和"大数据治理要做什么",尝试对大数据治理的内涵形成一个初步共识,作为论坛思辨的基础。

论点一:大数据治理是什么?

观点1:大数据治理是治和理的有机结合(王伟、崔鹏、贾晓丰等)

大数据治理从表面上看,是治和理的有机结合。治的含义是控制和监管,强调的是数据的机密性、完整性和可用性,保证数据可管、可控、可用;理的含义是理解和分析,强调数据使用的合理性和有序性,需要对数据进行分级分类管理,同时加强隐私保护和数据可信。

观点2:大数据治理有广义和狭义之分(贾晓丰、袁野、谭晓生等)

大数据治理的定义有狭义和广义之分。狭义的大数据治理主要关注组织内部数据全生命周期的管理,包括采集、汇聚、存储、处理等,其主要目标是提升数据的可用性,如将分散多样的数据规则化、标准化,持续提升数据质量等,从而为后续的分析、挖掘、算法建模等过程建立基础。广义层面的大数据治理是指数据在跨域流转过程中的管理,其主要目标是保证数据的有序性,如数据在不同组织、行业,甚至国家之间流转，如何提供良好的数据质量治理、数据安全标准与数据流转机制，以达到质量、效率、安全这三个关键因素之间的平衡。

观点 3：数据流转是大数据治理的出发点和目标（李浥东、徐葳、袁野等）

数据流转是大数据时代数据呈现的显著特性。数据作为重要的生产要素，在社会系统中随着供应链、价值链而流动，数据价值不断被激发。但与此同时，数据流转也使得数据自身的隐私性、可用性和效率面临严峻挑战，大数据治理需求日益迫切。大数据治理应当以保证数据流转为目标，增强数据在组织内部、行业级别甚至是国家层面的共享流转，最大化数据的使用价值。

观点 4：大数据治理更是一个社会问题（崔鹏、赵志海等）

大数据治理应当包含两个层面的问题：第一个是数据层面的治理，重点解决数据安全管理的问题；第二个是算法层面的治理，重点解决数据合理使用的问题。近年来，大数据驱动的智能算法带来的大数据杀熟、信息茧房、算法歧视、算法霸权等问题引起了社会各界的广泛关注。在利用大数据和智能算法提升经济效益的同时，应当充分考虑其扮演的社会媒介角色以及其可能带来的社会影响。

观点 5：大数据治理应当结合数据自身特性（熊辉、李浥东等）

数据作为生产要素，产生于不同的场景，呈现出不同的分布特性。以中国和美国为例，美国数据的特点是宽而薄，中国数据的特点是窄而深。美国各种应用平台的受众来自世界各地，例如谷歌搜索、脸书（Facebook）和推特（Twitter）等，导致它的客户群体的覆盖面非常广，数据面很宽；但由于美国在欧洲有非常严格的隐私安全保护法，很多数据不能收集，限制了数据的深度。相比之下，中国的互联网企业在过去几年飞速发展，收集了包含用户自身、用户社交关系等在内的深度数据。在进行大数据治理时，应当结合数据自身特性，采用合理的技术和手段，提升大数据治理的效果。

论点二：大数据治理要做什么？

观点 1：大数据治理需要技术和制度的结合（沈华伟、徐葳、赵志海等）

大数据治理并不是纯粹的技术问题，而是需要技术和制度的结合。从制度层面，应当明确大数据治理的责任主体，推进法律法规、标准规范和基础设施建设，明确主体的责任和义务，确保大数据治理有据可依；从技术层面，应当构建合理的大数据治理技术框架，建立数据安全、隐私保护、数据流转、数据管理、算法监管等技术体系，为大数据治理提供必要的技术支撑。

观点2：数据安全治理亟待理论突破与产品支撑（谭晓生、李浥东等）

数据安全治理相关业务包括：数据资产发现、数据分类分级、数据脱敏加密、数据库审计、数据库扫描、数据库防泄露、安全预警以及面临若干应用场景等。但是，在数据分级分类、数据库防泄露、数据脱敏加密等业务方向，目前仍缺乏成熟的产品来支撑。在理论方面，在访问控制模型、数据分级分类等理论问题上仍需要进一步研究和探索。

观点3：隐私可信计算保证隐私安全（谭晓生、熊辉、赵志海等）

当下隐私可信计算面临全新的场景。《中华人民共和国数据安全法》和《中华人民共和国个人信息保护法》相继出台，在规范隐私保护行为的同时，也为数据的使用和算法及设计带来了新的挑战。当下，数据和算力都分布式部署在不同节点，且数据多以加密的方式进行存储，如何实现跨设备、跨场景的安全、灵活、高效建模，需要进一步研究。同时，对抗样本、数据不可信等问题，导致模型的可信度大大下降。如何在存在数据干扰和网络攻击的情况下有效保障模型的性能，提升模型的鲁棒性，是一个亟待解决的问题。

观点4：增强数据信任促进数据流转（徐葳、韦莎、钱宇华等）

数据流转是一个信任传递的过程。数据信任包括数据保密、数据不被篡改、数据不造假等维度，通常是由管理、技术等多个维度来决定。平台的数据越多，自身的信任度也越高，参与数据流转的可能性也越大。因此，平台数据流转和平台信任度增长是一个相辅相成的过程。但是每一个平台的信任基础不同，治理的技术和方式也不同，导致数据在不同平台间的数据流转比较困难。如何在保持各自系统自洽的前提下，通过基于信任的路由来构建数据流转网络，仍是一个待解决的问题。

观点5：算法治理提升社会公平（沈华伟、崔鹏等）

大数据驱动的智能算法在推动社会生产力快速发展的同时，其不合理应用也影响了正常的传播秩序、市场秩序和社会秩序，给维护意识形态安全、社会公平公正和网民合法权益带来挑战。当下，算法安全治理方面仍处于起步阶段。在算法安全基础理论研究方面，目前还缺少算法安全相关的学科建设，对于算法安全风险的成因和演化机理仍处于空白状态；在算法安全技术体系构建方面，尚未形成有效的算法安全风险管控方法，缺少可用的算法安全风险监测技术工具。

2. 大数据治理的可行路径

针对大数据治理的内涵，我们从大数据安全和隐私保护、大数据管理和数据流转以及面向大数据应用的算法治理三个方面展开讨论，对大数据治理的可行路径形成了一些观点及初步共识。

分组讨论一：大数据安全和隐私保护

当前，随着人、机、物三元空间融合发展，大数据安全和个人用户隐私问题日益突出。如何对数据的收集、存储、使用过程进行分级管理，降低数据泄露风险？如何对个人信息及隐私进行技术防护，发展个人信息无人化处理技术？论坛思辨嘉宾围绕大数据安全和隐私保护展开讨论，形成如下观点：

观点 1：根据最小化原则收集、存储数据，并对数据设置权限分级、安全加密（沈华伟、陶耀东、沈浩等）

大数据安全防护要解决的问题包括防范数据的内部泄露和攻击导致的外部泄露，可以从管理和技术两个角度考虑。从管理的角度来说，为了避免数据泄露风险和降低数据防范代价，需要根据不同的场景需求，基于最小化原则进行数据的收集、存储，深切落实"谁收集谁负责"的责任主体意识。从技术的角度来说，数据的内部泄露可以通过对数据设置权限分级进行防范，即根据数据的私密程度设置不等的等级，根据不同的需求、人员级别进行权限赋予管理；而数据的外部泄露可以通过数据端到端使用中的安全加密算法来进行防范，例如同态加密、安全多方计算、联邦学习等技术。

观点2：发展大模型及数据加壳等技术，通过数据摘要、数据追踪等加强数据安全（韦莎、崔鹏、谭昶等）

为了增加大数据安全，另一种可行的思路是对数据进行摘要存储。例如，可以发展大模型技术，通过模型预训练、表示学习等技术将原空间的大规模数据压缩存储到低维表示空间或模型空间。通过这样的摘要提取，避免原始数据直接暴露，降低数据的敏感性。与此同时，也要考虑数据摘要后的特定追溯问题。例如，可以通过数据加壳等技术，记录数据的接收、修改等操作，从而在数据溯源的时候有迹可循。

观点3：针对个人信息防护，发展身份匿名化技

术，同时增强个人信息无人化处理技术（徐葳、谭昶、沈华伟等）

个人信息防护旨在解决如何保障个人信息对他人不可见的问题。这里需要注意的是，哪怕用户自身做了个人信息的匿名化，现在的很多大数据分析手段仍然可以通过数据对齐、用户画像等方式对用户的身份进行推断识别。因此，除了传统的身份匿名化技术外，还需要发展"反大数据推断的身份匿名化技术"，即如何对用户数据进行特定的技术处理，使其在智能算法面前依然不可推断。此外，个人信息防护的关键是对"他人"不可见，因此另一种可行的路径是增强个人信息的无人化处理技术。换句话说，对个人信息的处理需要从整体系统考虑，建立可信、可控、无人化的整套算法流程，避免由于人工的参与所造成的偏见、风险或泄露。

观点 4：联邦学习提供了一种有效的安全性算法，可以基于此对其进行内涵深化外延扩张，形成面向质量、效果、安全等多维度达到平衡的技术路径（李浥东、刘洋、赵鑫等）

联邦学习为打破数据孤岛提供了一种有效的安全性算法，通过数据不动、算法跑的方式，既保障了数据的安全，又保证了算法的性能。现有的联邦学习研究主要在于解决数据分布不均、质量异构以及模型异构等问题。我们可以以联邦学习作为起点，对其进行内涵深化外延扩张，形成面向质量、效果、安全等多维度达到平衡的技术路径。具体来说，从算法层面出发，发展联邦任务、联邦数据、联邦知识等一系列体系，实现多维平衡的最优点。从数据安全的角度出发，针对联邦学习对于数据质量识别能力弱的问题，可以进一步在本地终端融合其他数据管理模块，以达到数据质量清理的目的。

观点5：基于多方监管的数据使用方式可能是一种可行的数据安全保护路径（徐葳、韦莎、钱宇华等）

为了避免由于数据单方拥有和使用带来的泄露风险，可以考虑建立基于多方监管的数据使用方式。简单来说，考虑数据产生方（用户）、数据收集方（平台）、数据授权方（第三方平台）这简单的三方情况。数据产生方通过在平台上的购买、浏览、发布等行为产生数据，而数据收集方则对平台上产生的数据进行收集、存储，关于数据使用的钥匙则交给了数据授权方。当任何一方想要使用数据时，都需要三方的同意确认。通过这样的多方相互监督，可以有效分担数据使用的责任，降低数据泄露的风险。

分组讨论二：大数据管理和数据流转

当前，大数据管理着眼于数据可用性和数据质量，数据流转使数据在流动和共享中增值，二者在很大程度上定义了大数据治理的关键技术路径。思辨嘉宾围绕面向大数据管理和数据流转展开讨论，形成如下观点：

观点 1：大数据管理是一个质量、效率、安全的三要素平衡问题（李浥东、范举、袁野等）

无论是狭义还是广义的数据管理，质量、效率和安全这三个因素都尤为重要。首先，针对广义的数据管理，核心的难题是缺少在数据跨域流转过程中多方可以互认的数据分类化、可标识的体系。其次，针对狭义的数据管理，目前还缺乏面向可用性的数据质量评估方法，即从数据的使用场景和使用价值的角度评价数据融合、数据清洗等质量提升方法的效果。真实的大数据治理场景十分复杂，难以面向不同的治理场景，提供一种统一的方式有效地平衡质量、效率和安全。一个可行的技术路径是借鉴传统数据库与数据管理领域的查询语言方式：面向不同的数据治理场景，实现一套完备的查询语言。

观点 2：大数据管理需要建立数据质量体系和安全评价工具（范举、韦莎、袁野等）

大数据管理首先是建立数据分级分类体系，进而基于分级分类体系和相应的分级分类算法明确数据的使用范围和使用价值——从数据可用性的角度更好地评价数据质量。其次是建立不同层次的安全评价工具，包含数据层次、系统层次、社会层次和国家层次。在数据层次和系统层次的安全技术已经被广泛研究，如隐私保护下的挖掘、区块链、数据审计等。然而社会层次和国家层次的安全评价工具还不多。最后是从管理角度看，社会实体不管是企业还是政府部门均可设置数据治理官，治理官有明确的岗位责任范围，确保质量与安全问题责任到人。

观点3：大数据管理需要实现一套完备的数据查询语言接口（程学旗、范举、赵鑫等）

从现有的查询语言的整个体系技术出发，设计能够支撑面向更多的治理和应用场景（例如面向安全的场景、面向算法治理的场景等）的相应查询语言。查询体系形成之后，能够支撑执行安全任务、算法治理任务等。目前已有的大规模数据、预训练模型等成熟技术，都可以针对其进行拓展与结合，从而实现更为有效的信息查询机制。

观点4：数据流转需要建立多方互认的数据目录体系（贾晓丰、赵志海、沈浩等）

对于数据跨域流转中的质量治理难题，可以将建立高质量的多方互认的数据目录体系作为解决途径的起点。这里有一个重要的前提：数据是很难集中的，一般是岛式的，即数据由多方存储。但是岛之间需要建立桥梁，桥梁的基础就是数据目录。因此，数据目录体系不局限于某一个具体的行业。基于数据目录体系，还应建立统一的数据编码，例如北京市的政务数据编码、工业领域的国家标识解释体系等。编码重要的基础性工作是需要有统一的标准将人、企、物等统一到同一套编码体系中：

分组讨论三：面向大数据应用的算法治理

当前，人类社会正加速进入智能化时代，数据是基础，算法是关键，数据与算法在经济社会生活多领域得到越来越多的应用，成为影响信息分发、服务提供、机会分配、资源配置的基础性机制和力量，日益成为数字社会发展的创新基础和核心动能。与此同时，作为智能时代信息社会认知与控制的核心，大数据驱动的智能算法存在内生安全问题和应用安全问题，从算法维度给大数据治理带来了全新的算法治理问题。论坛思辨嘉宾围绕面向大数据应用的算法治理展开讨论，形成如下观点：

观点 1：数据偏见导致算法歧视（崔鹏、沈浩、沈华伟等）

智能算法在学习训练过程中依赖大量的训练样本，

训练样本的采样偏差或偏见导致最终学习到的智能算法不可避免地存在一定的歧视。例如，加纳裔科学家 Buolamwini 发现，人脸识别产品由于训练数据集中对人种的采样偏差，导致最终智能算法存在不同程度的女性和深色人种"歧视"；微软开发的机器人 Tay 可通过人类对话进行学习，但在推特网站上线仅一天便被下架，其原因是恶意用户与其进行了种族主义相关的言论对话以及煽动性的政治宣言，导致 Tay 在学习训练过程中被这些"偏见"数据影响，从而出现了辱骂用户、种族歧视等"流氓"行为。智能算法隐藏着数据中的立场和偏见，算法歧视引发重大社会不公，危机社会安全。对算法进行去偏治理是保障社会公平的迫切需求和重大挑战。

观点 2：数据不可信导致算法脆弱（赵鑫、钱宇华、谭昶等）

智能算法在成为信息社会认知与控制核心的同时，也常处于一个强对抗的不确定环境下。具体来说，数据中可能包含着由恶意攻击方所构造的特定数据实例，使用这样的不可信数据进行智能算法的训练或测试，将导致模型性能的大范围瘫痪，造成不可估量的安全风险。例如，在自动驾驶模型训练数据中加入恶意攻击的数据，有可能导致车辆违反交通规则甚至造成交通事故，严重威胁人民群众生命财产安全；在军事领域，敌方可以通过信息伪装或欺骗的方式向决策模型投送恶意信号使其做出错误决策，甚至诱导自主性武器启动攻击，带来毁灭性风险。如何面向这样的不可信数据，避免智能算法崩溃，提升智能算法的鲁棒性，是保障数据经济发展的重大挑战。

观点 3：算法去偏治理提升算法公平性（程学旗、沈华伟、崔鹏等）

为提升智能算法的公平性，已有研究人员通过事前、事中、事后等方法来进行调整。事前方法主要通过删除敏感信息、倾向分数权重调整等手段对数据进行清洗，从而降低数据中的偏差。事中方法通过在智能算法训练过程中增加正则补偿使固有偏见的影响最小化，或者是通过因果推理等方式在模型学习中去除数据中的混杂因子或敏感因子的影响，从而降低偏见因素对智能算法的结果影响。而事后方法则是对模型输出进行启发式策略调整，从而提高智能算法的公平性。目前的这几类做法都存在着各自的不足：事前方法的倾向分数权重在实际中很难估计，往往存在较大偏差；事中方法对不可观测的敏感属性往往难以建模；而事后方法通常又是启发式的，难以保证效果。此外，公平性的定义在不同领域和不同需求场景下差异往往也很大，个体公平性和群体公平性之间也存在着一定的矛盾关系。如何提出统一的公平性度量框架以及真实有效的去偏治理技术，仍是亟待解决的研究问题。

观点 4：数据可信治理提升算法鲁棒性（袁野、范举、崔鹏）

为了抵御恶意对抗攻击所造成的数据不可信问题，一些研究人员提出各类异常数据检测方法来检出并清除对抗样本、中毒样本等不可信样本，从而减轻恶意攻击带来的影响，提升智能算法的鲁棒性。已有研究人员通过数据采样、模型对比以及构建标准数据集来解决数据不可信的问题。在数据采样方面，需要确保特定属性的样本不能占模型训练数据的大部分，特别是要注意不要过分重视那些伪装成正常样本的恶意样本。一般是通过限制每个属性维度可以贡献的示例数量，或者基于报告的示例数量使用衰减权重来实现。在模型对比方面，主要是将新训练的分类器与前一个分类器进行比较以估计模型间的变化。例如，可以执行灰度发布（Gray Release）或摸黑启动（Dark Launch），在相同流量上比较两个模型的输出结果，还可以对一小部分流量进行 A/B 测试和回溯测试。在构建标准数据集方面，通常要求分类器必须在标准数据集的表现达到阈值才能投入生产。在标准数据集里包含一组精心策划的攻击和系统的正常数据。只有当模型在这个标准数据集上的效果达标的情况下，才能上线该模型，从而避免数据投毒攻击直接对生产环境上的模型造成负面影响。

观点 5：大模型带来的模型审计问题（沈华伟、李浥东、李滔）

大数据驱动的基础模型（Foundation Model）在越来越多的领域发挥模型基础设施的作用，同时也带来了新的大数据治理问题。一方面，基础模型因其强大的表达能力，可以将大数据变成模型化的知识（Modeledge），以模型中台的形式支撑跨产品、跨企业的下游任务，从而带来潜在的数据泄露问题；另一方面，基础模型在使用过程中根据新的输入数据不断演变，模型运行时风险难以监测、评估和重现，给模型审计带来了严峻挑战。未来，急需研究基础模型的安全评估、风险监测和模型审计技术，促进大数据驱动的智能算法创新发展，推动大数据应用规范发展和算法治理有"技"可依。

B.4 展望

虽然大数据治理的研究逐渐受到了关注，但总体而言，相关研究尚处于起步阶段，仍存在着如下亟待解决的挑战和研究难点，在此对大数据治理中存在的挑战和未来的潜在研究方向进行梳理。

1. 数据确权

数据确权的早期理论源于隐私保护问题。其基本思想在于，如果将隐私成本视为一种个人数据使用的负外部性，那么在界定个人数据（或者隐私）产权的基础上便可以有效解决这种外部性问题。在大数据的背景下，数据确权通常是指验证个人或组织具有访问、使用或修改特定数据集的合法权利的过程。无论数据本身怎么变化，数据确权的本质都是根据其自身的可识别性来进行权属界定，但界定的方式由最开始的人为确认，变成需要通过更加复杂的论证方法来对某一数据或某些数据进行权属界定。

数据确权的一个潜在的研究方向是开发更自动化和标准化的方法来验证数据权利，这可能涉及使用区块链、智能合约和机器学习算法等技术。数据确权可能是一个耗时且复杂的过程，涉及对法律协议、许可和其他文档的手动验证。研究可以侧重于开发数据权利验证的标准化方法，例如使用通用元数据模式和数字签名，以简化这一过程。此外，可以开发机器学习算法等自动化工具来辅助验证过程，减少人工干预的需要。

另一个研究方向可能是探索使用分散系统和点对点网络来管理数据权利。这可能涉及开发数据所有权、访问控制和数据共享的新模型，这些模型更加分散和民主，允许个人和组织对其数据保持更大的控制权。数据所有权和访问控制的集中式模型可能存在问题，因为可能造成权利不平衡，并限制个人对自己数据的控制。研究可以探索更分散的替代模型，例如点对点网络和基于区块链的系统，使个人和组织能够对其数据保持更大的控制权。这可能涉及开发更加民主和透明的数据共享、访问控制和所有权的新方法。

研究可以侧重于制定有效的机制来监管数据确权行为，如法律和监管框架、技术解决方案（如加密和访问控制），以及社会规范和激励措施。此外，还可以探索新工具和技术的发展，如数据审计和监控系统，使个人和组织能够发现并应对数据泄露和其他侵犯数据权利的行为。这可能涉及探索应对数据泄露、数据滥用和其他侵犯数据权利行为的法律、监管和技术解决方案。

此外，随着人工智能和物联网等新技术变得越来越普遍，研究可以集中在开发管理这些领域数据权利的新方法上。例如，可以探索使用隐私增强技术，如同态加密和差分隐私，保护人工智能系统中的敏感数据。同样，研究可以集中在开发物联网设备背景下的数据治理和所有权的新方法上，这些设备会产生大量难以管理和保护的数据。

2. 数据定价

（1）在数据交易的过程中如何确定数据的真实价格

在数据交易中，数据的价值通常通过交易价格来体现。因此，数据定价是数据交易中最为重要的任务之一。目前，有三种定价思路能够从不同侧面来衡量数据价格，分别是基于任务的定价、基于价值的定价和基于经济学的定价。基于任务的定价侧重于根据该数据产品对于数据消费者执行某项任务所能产生的价值来确定价格。基于价值的定价依据该数据产品的内在价值，例如隐私包含程度和数据质量优劣来确定其价格。而基于经济学的定价则在确定基础价值的前提下，依靠如市场供需关系、市场类型等经济学方法来确定数据价格，主要考虑市场类型和参与人行为对价格产生的影响。需要注意的是，三种定价思路并不是互斥的。由于其侧重点各不相同，因此在数据交易过程中可以互为补充。

（2）在数据市场流通过程中，数据定价的难点与挑战有哪些

通常来说，数据定价的难点在于数据来源的多样性以及自身结构的复杂度。数据产品的多样性导致需要对不同类型的数据设计不同的定价方法，这些方法有着各自的出发点，因此导致很难保证定价结果的客观性。数据产品的时效性也是导致数据定价存在难点的问题之一。与传统产品不同的是，数据产品的定价是具有时间依赖性的，实时产生的数据在一段时间之后对于购买者就不再重要了，因此带有时间贴现的数据定价模型是连续时间动态规划问题，有着极大挑战。同时，维持数据产品更新需要大量时间和处理代价，这就要求一部分定价策略随着数据产品的更新进行实时调整，这给数据定价方法提出了更高的设计要求。另外，数据产品的可重复性要求在数据定价时考虑隐私泄露问题。同时，由于复制代价极低，数据买家在获得数据后可以将数据重新打包卖出，这对数据售出的公平性产生了影响，同时会降低卖家出售数据的积极性，因此数据定价方法要考虑隐私保护和版权保护的机制。

（3）关于数据定价领域未来的潜在研究方向有哪些

不同的参与者对数据产品有着不同的预期和评价，

导致现有的单一指标数据定价方法都存在自身的局限性，难以完全满足各方的需求。因此应该结合大数据本身的特性，针对现有定价方法的不足，建立统一的价值评价体系，这是重要的研究方向。数据定价理论框架的首要内容就是统一价值评价体系，寻找能让各方都满足的价值度量技术。应该以数据质量为基础，结合数据消费者和数据平台在整合数据产品上的花费，考虑数据消费者的效用指标，并以历史成交价格为参照，综合评估其他影响数据价格的因素，构建出统一的、可解释的、客观的数据价值评价体系。针对大数据存在的动态特性，动态定价机制同样是有潜力的研究主题。现存的大多数定价方法都是静态定价，但是数据有着极强的时效性，数据消费者的需求也会随着时间的变化而变化，因此数据价格也应该随之变动。为了使数据价格更加贴合实际，应该建立数据价格与时间的函数关系模型，捕捉、监测数据内容和数据价格的变化方向，探索动态定价机制。

3. 数据流通与交易

大数据治理过程中，在流通和交易时可能存在以下两方面的问题：

1）数据安全和隐私问题。在数据流通和交易过程中，数据的安全和隐私往往面临风险和挑战。数据可能会未经授权而被访问、篡改、泄露或滥用。因此，需要采取适当的数据加密、身份验证和访问控制措施来保护数据安全和隐私。

2）数据交易的合规问题。在数据交易过程中，需要遵守法律法规和行业标准。数据交易的合规问题包括数据所有权、数据使用许可、数据保密协议等方面。需要建立适当的合规机制和标准来规范数据交易行为。

4. 数据监管

随着大数据时代的到来，数据的风险不再仅仅局限于个人隐私泄露，更可能带来企业乃至社会层面的安全问题。企业违规收集、滥用个人信息情形严重，数据泄露风险增加，这对如何管好数据带来了更大的挑战；数据市场不正当竞争频发，数据流通过程中的真实性难以保证，数据算法的鲁棒性仍然欠缺，这对如何用好数据提出了更高要求。为了规避这些问题，做到管好数据、用好数据的大数据治理，需要数据监管这一环节作为保障。

数据监管无非是从技术与法律两个层面入手，当前国内在这两个层面上都有不同程度的欠缺。就技术层面来说，如何对个人信息进行隐私化防护，如何保证数据安全地存取，采用何种技术手段进行大数据监测，如何保证使用过程中数据的可信度与算法的鲁棒性等，都是亟待解决的问题。在解决这些技术问题后，建立起数据安全、隐私保护、数据流转、数据管理、算法监管等技术体系，才是最终目标。就法律层面来说，如何通过立法划定行为边界，规范数据确权、流通、使用，怎样立法为数据交易、流通提供合法性依据，对于数据的非法违规行为给予怎样的惩罚，如何完善监管组织，如何构建数据监管体系等，都是需要政府机构及相关法律行业解决的问题。最终目标是要完成对数据的法律法规、标准规范和基础设施建设。

面对价值与风险并存的大数据环境，技术与法律双管齐下，完善数据监管治理，才能规避风险，实现价值的最大化释放。

[1]　DEWITT D J, HALVERSON A, NEHME R, et al. Split query processing in polybase[C]//Proceedings of the 2013 ACM SIGMOD International Conference on Management of Data. New York: ACM, 2013: 1255-1266.

[2]　ABOUZEID A, BAJDA-PAWLIKOWSKI K, ABADI D, et al. HadoopDB: an architectural hybrid of MapReduce and DBMS technologies for analytical workloads[J]. Proceedings of the VLDB endowment, 2009, 2(1): 922-933.

[3]　LI F H, LI H, NIU B, et al. Privacy computing: concept, computing framework, and future development trends[J]. Engineering, 2019, 5(6): 1179-1192.

[4]　KONEČNÝ J, MCMAHAN B, RAMAGE D. Federated optimization: distributed optimization beyond the datacenter[EB/OL]. (2015-11-11) [2023-10-05]. https://arxiv.org/abs/1511.03575.

[5]　DIFFIE W, HELLMAN M E. New directions in cryptography[M]// Secure communications and asymmetric cryptosystems. [S.l.]: Routledge, 2019: 143-180.

[6]   RIVEST R L, SHAMIR A, ADLEMAN L. A method for obtaining digital signatures and public-key cryptosystems[J]. Communications of the ACM, 1978, 21(2): 120-126.

[7]   ELGAMAL T. A public key cryptosystem and a signature scheme based on discrete logarithms[J]. IEEE transactions on information theory, 1985, 31(4): 469-472.

[8]   GENTRY C. Fully homomorphic encryption using ideal lattices[C]// Proceedings of the Forty-first Annual ACM Symposium on Theory of Computing. New York: ACM, 2009: 169-178.

[9]   ACAR A, AKSU H, ULUAGAC A S, et al. A survey on homomorphic encryption schemes: theory and implementation[J]. ACM computing surveys, 2018, 51(4): 1-35.

[10]   DAMGÅRD I, PASTRO V, SMART N, et al. Multiparty computation from somewhat homomorphic encryption[C]// Annual Cryptology Conference. Berlin: Springer Berlin Heidelberg, 2012: 643-662.

[11]   DIJK M V, GENTRY C, HALEVI S, et al. Fully homomorphic encryption over the integers[C]//Annual International Conference on the Theory and Applications of Cryptographic Techniques. [S.l.]: Springer, 2010: 24-43.

[12]   GOLDWASSER S, MICALI S, RACKOFF C. The knowledge complexity of interactive proof-systems[C]//The 17th Annual ACM Symposium on Theory of Computing. New York: ACM,

1985: 291-304.

[13] FIAT A, SHAMIR A. How to prove yourself: practical solutions to identification and signature problems[C]//Cryptology (CRYPTO 86). [S.l.]: Springer, 1986: 186-194.

[14] BEN-SASSON E, BENTOV I, HORESH Y, et al. Scalable zero knowledge with no trusted setup[C]// Cryptology (CRYPTO 19). [S.l.]: Springer, 2019: 701-732.

[15] WENG C K, YANG K, YANG Z M, et al. AntMan: interactive zero-knowledge proofs with sublinear communication[C]// Proceedings of the 2022 ACM SIGSAC Conference on Computer and Communications Security. New York: ACM, 2022: 2901-2914.

[16] RICHARDSON R, KILIAN J. On the concurrent composition of zero-knowledge proofs[C]//Advances in Cryptology—EUROCRYPT'99: International Conference on the Theory and Application of Cryptographic Techniques. Prague: Springer, 1999: 415-431.

[17] BLUM M, FELDMAN P, MICALI S. Non-interactive zero-knowledge and its applications[C]// Annual ACM Symposium on Theory of Computing. New York: ACM, 1988: 103-112.

[18] JENS G, RAFAIL O, AMIT S. Perfect non-interactive zero knowledge for NP[C]//Advances in Cryptology—EUROCRYPT 2006: 24th Annual International Conference on the Theory and Applications of Cryptographic Techniques. St. Petersburg:

Springer, 2006: 339-358.

[19] RACKOFF C, SIMON D R. Non-interactive zero-knowledge proof of knowledge and chosen ciphertext attack[C]//Annual International Cryptology Conference. Berlin: Springer, 1991: 433-444.

[20] EVANS D, KOLESNIKOV V, ROSULEK M. A pragmatic introduction to secure multi-party computation[J]. Foundations and trends in privacy and security, 2018, 2(2-3): 70-246.

[21] BEAVER D. Efficient multiparty protocols using circuit randomization[C]//Annual International Cryptology Conference. [S.l.]: Springer, 1991: 420-432.

[22] YAO A C C. How to generate and exchange secrets[C]//27th Annual Symposium on Foundations of Computer Science. New York: IEEE, 1986: 162-167.

[23] MOHASSEL P, ROSULEK M, ZHANG Y. Fast and secure three-party computation: the garbled circuit approach[C]// Proceedings of the 22nd ACM SIGSAC Conference on Computer and Communications Security. New York: ACM, 2015: 591-602.

[24] BRICKELL E F. Some ideal secret sharing schemes[C]// Workshop on the Theory and Application of Cryptographic Techniques. Berlin: Springer, 1989: 468-475.

[25] YAO A C. Protocols for secure computations[C]//23rd Annual Symposium on Foundations of Computer Science. New York: IEEE, 1982: 160-164.

[26] 杨强，刘洋，程勇，等 . 联邦学习 [M]. 北京：电子工业出版社，2020.

[27] MCMAHAN H B, MOORE E, RAMAGE D, et al. Communication-efficient learning of deep networks from decentralized data[C]//The 20th International Conference on Artificial Intelligence and Statistics. [S.l.]: PMLR, 2017: 1273-1282.

[28] KARIMIREDDY S P, JAGGI M, KALE S, et al. Breaking the centralized barrier for cross-device federated learning[J]. Advances in neural information processing systems, 2021, 34: 28663-28676.

[29] HUANG Y T, CHU L Y, ZHOU Z R, et al. Personalized cross-silo federated learning on non-IID data[C]//Proceedings of the AAAI Conference on Artificial Intelligence. Virtual Event. [S. l.]: AAAI, 2021, 35(9): 7865-7873.

[30] LI T, SAHU A K, ZAHEER M, et al. Federated optimization in heterogeneous networks[J]. Proceedings of machine learning and systems, 2020, 2: 429-450.

[31] LI T, HU S Y, BEIRAMI A, et al. Ditto: fair and robust federated learning through personalization[C]// Proceedings of the 38th International Conference on Machine Learning. [S.l.]: PMLR, 2021: 6357-6368.

[32] ZHANG H L, LI Y D, WU J, et al. A survey on privacy-preserving federated recommender systems[J]. Acta automatica

sinica, 2022, 48(9): 2142-2163.

[33] NIU C, WU F, TANG S, et al. Billion-scale federated learning on mobile clients: a submodel design with tunable privacy[C]//The 26th Annual International Conference on Mobile Computing and Networking. New York: ACM, 2020: 1-14.

[34] DWORK C, NISSIM K. Privacy-preserving datamining on vertically partitioned databases[C]//Annual International Cryptology Conference. [S.l.]: Springer, 2004: 528-544.

[35] DWORK C. Differential privacy[M]//BUGLIESI M, PRENEEL B, SASSONE V, et al. Automata, Languages and Programming. Berlin: Springer, 2006: 1-12.

[36] DUPUY C, ARAVA R, GUPTA R, et al. An efficient DP-SGD mechanism for large scale NLU models[C]// International Conference on Acoustics, Speech and Signal Processing. New York: IEEE, 2022: 4118-4122.

[37] ULLAH E, MAI T, RAO A, et al. Machine unlearning via algorithmic stability[C]//Conference on Learning Theory. [S.l.]: PMLR, 2021: 4126-4142.

[38] GOLATKAR A, ACHILLE A, SOATTO S. Eternal sunshine of the spotless net: selective forgetting in deep networks[C]//2020 IEEE/CVF Conference on Computer Vision and Pattern Recognition. New York: IEEE, 2020: 9304-9312.

[39] GINART A, GUAN M Y, VALIANT G, et al. Making AI forget you: data deletion in machine learning[EB/OL]. (2019-11-04)

[2024-03-19]. https://arxiv.org/abs/1907.05012.

[40] PINTO S, SANTOS N. Demystifying arm trustzone: a comprehensive survey[J]. ACM computing surveys, 2019, 51(6): 1-36.

[41] NOFER M, GOMBER P, HINZ O, et al. Blockchain[J]. Business & information systems engineering, 2017, 59: 183-187.

[42] DINH T T A, LIU R, ZHANG M H, et al. Untangling blockchain: a data processing view of blockchain systems[J]. IEEE transactions on knowledge and data engineering, 2018, 30(7): 1366-1385.

[43] HU K, ZHU J, DING Y, et al. Smart contract engineering[J]. Electronics, 2020, 9(12): 2042.

[44] ZHENG Z B, XIE S A, DAI H N, et al. An overview on smart contracts: challenges, advances and platforms[J]. Future generation computer systems, 2020, 105: 475-491.

[45] LUU L, CHU D H, OLICKEL H, et al. Making smart contracts smarter[C]// Proceedings of the 2016 ACM SIGSAC Conference on Computer and Communications Security. New York: ACM, 2016: 254-269.

[46] DO H H, RAHM E. COMA: a system for flexible combination of schemamatching approaches[C]//Proceedings of the 28th International Conference on Very Large Databases. Hong Kong: Morgan Kaufmann, 2002: 610-621.

[47] MOTRO A, BERLIN J, ANOKHIN P. Multiplex, Fusionplex and

Autoplex: three generations of information integration[J]. ACM SIGMOD record, 2004, 33(4): 51-57.

[48] MILLER R J, HAAS L M, HERNÁNDEZ M A. Schema mapping as query discovery[C]// Proceedings of the 26th International Conference on Very Large Data Bases. Cairo: Morgan Kaufmann, 2000: 77-88.

[49] POPA L, HERNÁNDEZ M A, VELEGRAKIS Y, et al. Mapping XML and relational schemas with Clio[C]//Proceedings 18th International Conference on Data Engineering. New York: IEEE, 2002: 498-499.

[50] VELEGRAKIS Y, MILLER R J, POPA L. Preserving mapping consistency under scheMAchanges[J]. The VLDB journal, 2004, 13(3): 274-293.

[51] LI G L, WANG J N, ZHENG Y D, et al. Crowdsourced data management: a survey[J]. IEEE transactions on knowledge and data engineering, 2016, 28(9): 2296-2319.

[52] DEMARTINI G, DIFALLAH D E, CUDRÉ-MAUROUX P. ZenCrowd: leveraging probabilistic reasoning and crowdsourcing techniques for large-scale entity linking[C]//International World Wide Web Conferences. New York: ACM, 2012: 469-478.

[53] KONDREDDI S K, TRIANTAFILLOU P, WEIKUM G. Combining information extraction and human computing for crowdsourced knowledge acquisition[C]//International Conference on Data Engineering. New York: IEEE, 2014: 988-

999.

[54] ABAD A, NABI M, MOSCHITTI A. Self-crowdsourcing training for relation extraction[C]//Annual Meeting of the Association for Computational Linguistics. Vancouver: Association for Computational Linguistics, 2017: 518-523.

[55] CHILTON L B, LITTLE G, EDGE D, et al. Cascade: crowdsourcing taxonomy creation[C]//International Conference on Human Factors in Computing Systems. New York: ACM, 2013: 1999-2008.

[56] CHU X, MORCOS J, ILYAS I F, et al. KATARA: a data cleaning system powered by knowledge bases and crowdsourcing[C]//International Conference on Management of Data (SIGMOD). New York: ACM, 2015: 1247-1261.

[57] TONG Y X, CAO C C, ZHANG C J, et al. Crowdcleaner: data cleaning for multi-version data on the web via crowdsourcing[C]//IEEE International Conference on Data Engineering. New York: IEEE, 2014: 1182-1185.

[58] DOLATSHAH M, TEOH M, WANG J N, et al. Cleaning crowdsourced labels using oracles for statistical classification[J]. Proceedings of the VLDB endowment, 2018, 12(4): 376-389.

[59] FAN J, LU M Y, OOI B C, et al. A hybrid machine-crowdsourcing system for matching web tables[C]//IEEE International Conference on Data Engineering. New York: IEEE, 2014: 976-987.

[60] VERROIOS V, GARCIA-MOLINA H, PAPAKONSTANTINOU

Y. Waldo: an adaptive human interface for crowd entity resolution[C]//International Conference on Management of Data (SIGMOD). New York: ACM, 2017: 1133-1148.

[61] WANG J N, KRASKA T, FRANKLIN M J, et al. CrowdER: crowdsourcing entity resolution[J]. Proceedings of the VLDB endowment, 2012, 5(11): 1483-1494.

[62] GAO J, LI Q, ZHAO B, et al. Truth discovery and crowdsourcing aggregation: a unified perspective[J]. Proceedings of the VLDB Endowment, 2015, 8(12): 2048-2049.

[63] WANG J N, LI G L, KRASKA T, et al. Leveraging transitive relations for crowdsourced joins[C]//International Conference on Management of Data (SIGMOD). New York: ACM, 2013: 229-240.

[64] CHAI C L, LI G L, LI J, et al. Cost-effective crowdsourced entity resolution: a partial-order approach[C]//International Conference on Management of Data (SIGMOD). New York: ACM, 2016: 969-984.

[65] WANG S B, XIAO X K, LEE C H. Crowd-based deduplication: an adaptive approach[C]//International Conference on Management of Data (SIGMOD). New York: ACM, 2015: 1263-1277.

[66] LI G L. Human-in-the-loop data integration[J]. Proceedings of the VLDB endowment, 2017, 10(12): 2006-2017.

[67] DAS S, SUGANTHAN G C P, DOAN A H, et al. Falcon: scaling

up hands-off crowdsourced entity matching to build cloud services[C]//International Conference on Management of Data (SIGMOD). New York: ACM, 2017: 1431-1446.

[68] RATNER A, BACH S H, EHRENBERG H , et al. Snorkel: rapid training data creation with weak supervision[J]. Proceedings of the VLDB endowment, 2017, 11(3): 269-282.

[69] RATNER A J, SA C D, WU S, et al. Data programming: creating large training sets, quickly[C]//The 30th Conference on Neural Information Processing Systems. [S.l.]: NIPS, 2016: 3567-3575.

[70] YANG J R, FAN J, WEI Z W, et al. Cost-effective data annotation using game-based crowdsourcing[J]. Proceedings of the VLDB endowment, 2018, 12(1): 57-70.

[71] LIU T Y, YANG J R, FAN J, et al. Crowdgame: a game-based crowdsourcing system for cost-effective data labeling[C]// International Conference on Management of Data (SIGMOD). New York: ACM, 2019: 1957-1960.

[72] ZHU M P, RISCH T. Querying combined cloud-based and relational databases[C]//2011 International Conference on Cloud and Service Computing. New York: IEEE Computer Society, 2011: 330-335.

[73] ONG K W, PAPAKONSTANTINOU Y, VERNOUX R. The SQL++ unifying semi-structured query language, and an expressiveness benchmark of SQL-on-Hadoop, NoSQL and NewSQL databases [EB/OL]. (2015-12-14) [2024-03-19]. http://

arxiv.org/abs/1405.3631.

[74] SIMITSIS A, WILKINSON K, CASTELLANOS M, et al. Optimizing analytic data flows for multiple execution engines[C]//Proceedings of the 2012 ACM SIGMOD International Conference on Management of Data. New York: ACM, 2012: 829-840.

[75] ALOTAIBI R, BURSZTYN D, DEUTSCH A, et al. Towards scalable hybrid stores: constraint-based rewriting to the rescue[C]//Proceedings of the 2019 International Conference on Management of Data. New York: ACM, 2019: 1660-1677.

[76] ARMBRUST M, XIN R S, LIAN C, et al. Spark SQL: relational data processing in spark[C]//Proceedings of the 2015 ACM SIGMOD International Conference on Management of Data. New York: ACM, 2015: 1383-1394.

[77] KOLEV B, BONDIOMBOUY C, VALDURIEZ P, et al. The CloudMdsQL multistore system[C]//Proceedings of the 2016 International Conference on Management of Data. New York: ACM, 2016: 2113-2116.

[78] DUGGAN J, ELMORE A J, STONEBRAKER M, et al. The bigDAWG polystore system[J]. ACM sigmod record, 2015, 44(2): 11-16.

[79] BUOLAMWINI J, GEBRU T. Gender shades: intersectional accuracy disparities in commercial gender classification[C]// Conference on Fairness, Accountability and Transparency. [S.l.]:

PMLR, 2018: 77-91.

[80] PHILLIPS P J, JIANG F, NARVEKAR A, et al. An other-race effect for face recognition algorithms[J]. ACM transactions on applied perception, 2011, 8(2): 1-11.

[81] KLARE B F, BURGE M J, KLONTZ J C, et al. Face recognition performance: role of demographic information[J]. IEEE Transactions on information forensics and security, 2012, 7(6): 1789-1801.

[82] BOLUKBASI T, CHANG K W, ZOU J, et al. Man is to computer programmer as woman is to homemaker? debiasing word embeddings[J]. Advances in neural information processing systems, 2016, 29: 4356-4364.

[83] CALISKAN A, BRYSON J J, NARAYANAN A. Semantics derived automatically from language corpora contain human-like biases[J]. Science, 2017, 356(6334): 183-186.

[84] GARG N, SCHIEBINGER L, JURAFSKY D, et al. Word embeddings quantify 100 years of gender and ethnic stereotypes[J]. Proceedings of the national academy of sciences, 2018, 115(16): E3635-E3644.

[85] SWEENEY L. Discrimination in online ad delivery[J]. Communications of the ACM, 2013, 56(5): 44-54.

[86] ZHUO T Y, HUANG Y H, CHEN C Y, et al. Exploring AI ethics of ChatGPT: a diagnostic analysis[EB/OL]. (2023-01-30) [2023-10-05]. https://arxiv.org/abs/2301.12867.

[87] CHEN L, MA R J, HANNÁK A, et al. Investigating the impact of gender on rank in resume search engines[C]//Proceedings of the 2018 CHI Conference on Human Factors in Computing Systems. New York: ACM, 2018: 1-14.

[88] PANDEY A, CALISKAN A. Disparate impact of artificial intelligence bias in ridehailing economy's price discrimination algorithms[C]//Proceedings of the 2021 AAAI/ACM Conference on AI, Ethics, and Society. New York: ACM, 2021: 822-833.

[89] BAROCAS S, HARDT M, NARAYANAN A. Fairness in machine learning[M]. Cambridge: MIT Press, 2019.

[90] GRGIC-HLACA N, ZAFAR M B, GUMMADI K P, et al. The case for process fairness in learning: feature selection for fair decision making[C]//NIPS Symposium on Machine Learning and the Law. [S.l.]: NIPS, 2016, 1(2): 11.

[91] CATON S, HAAS C. Fairness in machine learning: a survey[EB/OL]. (2020-10-05) [2023-10-05]. https://arxiv.org/abs/2010.04053.

[92] ZEMEL R, WU Y, SWERSKY K, et al. Learning fair representations[C]//International Conference on Machine Learning. Atlanta: JMLR, 2013: 325-333.

[93] HARDT M, PRICE E, SREBRO N. Equality of opportunity in supervised learning[J]. Advances in neural information processing systems, 2016, 29: 3315-3323.

[94] BERK R, HEIDARI H, JABBARI S, et al. Fairness in criminal

justice risk assessments: the state of the art[J]. Sociological methods & research, 2021, 50(1): 3-44.

[95] CHOULDECHOVA A. Fair prediction with disparate impact: a study of bias in recidivism prediction instruments[J]. Big data, 2017, 5(2): 153-163.

[96] DWORK C, HARDT M, PITASSI T, et al. Fairness through awareness[C]//Proceedings of the 3rd Innovations in Theoretical Computer Science Conference. New York: ACM, 2012: 214-226.

[97] KUSNER M J, LOFTUS J R, RUSSELL C, et al. Counterfactual fairness[J]. Advances in neural information processing systems, 2017, 30: 4066-4076.

[98] BAEZA-YATES R. Bias on the web[J]. Communications of the ACM, 2018, 61(6): 54-61.

[99] O'BRIEN M, KEANE M T. Modeling result-list searching in the World Wide Web: the role of relevance topologies and trust bias[C]//Proceedings of the 28th Annual Conference of the Cognitive Science Society. [S.l.]: Cognitive Science Society, 2006, 28: 1881-1886.

[100] GOODFELLOW I J, SHLENS J, SZEGEDY C. Explaining and harnessing adversarial examples[C]//International Conference on Learning Representations. San Diego: ICLR, 2015:1-11.

[101] YUAN X Y, HE P, ZHU Q L, et al. Adversarial examples: attacks and defenses for deep learning[J]. IEEE transactions on neural networks and learning systems, 2019, 30(9): 2805-2824.

[102] SZEGEDY C, ZAREMBA W, SUTSKEVER I, et al. Intriguing properties of neural networks[EB/OL]. (2013-12-21) [2023-10-05]. https://arxiv.org/abs/1312.6199.

[103] PAPERNOT N, MCDANIEL P, GOODFELLOW I. Transferability in machine learning: from phenomena to black-box attacks using adversarial samples[EB/OL]. (2016-05-24) [2023-10-05]. https://arxiv.org/abs/1605.07277.

[104] CARLINI N, WAGNER D. Towards evaluating the robustness of neural networks[C]//2017 IEEE Symposium on Security and Privacy. New York: IEEE, 2017: 39-57.

[105] MOOSAVI-DEZFOOLI S M, FAWZI A, FROSSARD P. DeepFool: a simple and accurate method to fool deep neural networks[C]//Proceedings of the IEEE Conference on Computer Vision and Pattern Recognition. New York: IEEE Computer Society, 2016: 2574-2582.

[106] ATHALYE A, CARLINI N, WAGNER D. Obfuscated gradients give a false sense of security: circumventing defenses to adversarial examples[C]//International Conference on Machine Learning. [S.l.]: PMLR, 2018: 274-283.

[107] ALZANTOT M, SHARMAY, ELGOHARY A, et al. Generating natural language adversarial examples[C]//Proceedings of the 2018 Conference on Empirical Methods in Natural Language Processing. Brussels: Association for Computational Linguistics, 2018: 2890-2896.

[108] JIA R, LIANG P. Adversarial examples for evaluating reading comprehension systems[C]//Proceedings of the 2017 Conference on Empirical Methods in Natural Language Processing. Copenhagen: Association for Computational Linguistics, 2017: 2021-2031.

[109] ZHANG X, ZHANG J, CHEN Z, et al. Crafting adversarial examples for neural machine translation[C]//Proceedings of the 59th Annual Meeting of the Association for Computational Linguistics and the 11th International Joint Conference on Natural Language Processing. [S.l.]: Association for Computational Linguistics, 2021: 1967-1977.

[110] CISSE M, ADI Y, NEVEROVA N, et al. Houdini: fooling deep structured prediction models[EB/OL]. (2017-07-17) [2023-10-05]. https://arxiv.org/abs/1707.05373.

[111] CARLINI N, MISHRA P, VAIDYA T, et al. Hidden voice commands[C]//The 25th USENIX Security Symposium. Austin: USENIX, 2016: 513-530.

[112] LI H, ZHOU S Y, YUAN W, et al. Adversarial-example attacks toward Android malware detection system[J]. IEEE systems journal, 2020, 14(1): 653-656.

[113] GOLDBLUM M, TSIPRAS D, XIE C L, et al. Dataset security for machine learning: data poisoning, backdoor attacks, and defenses[J]. IEEE transactions on pattern analysis and machine intelligence, 2023, 45(2): 1563-1580.

[114] BARRENO M, NELSON B, SEARS R, et al. Can machine learning be secure?[C]//Proceedings of the 2006 ACM Symposium on Information, Computer and Communications Security. New York: ACM, 2006: 16-25.

[115] HUANG H, MU J M, GONG N Z Q, et al. Data poisoning attacks to deep learning based recommender systems[EB/OL]. (2021-01-07) [2023-10-05]. https://arxiv.org/abs/2101.02644,.

[116] CHEREPANOVA V, GOLDBLUM M, FOLEY H, et al. Lowkey: leveraging adversarial attacks to protect social media users from facial recognition[EB/OL]. (2021-01-20) [2023-10-05]. https://arxiv.org/abs/2101.07922.

[117] SCHWARZSCHILD A, GOLDBLUM M, GUPTA A, et al. Just how toxic is data poisoning? a unified benchmark for backdoor and data poisoning attacks[C]//International Conference on Machine Learning. [S.l.]: PMLR, 2021: 9389-9398.

[118] SHAFAHI A, HUANG W R, NAJIBI M, et al. Poison frogs! targeted clean-label poisoning attacks on neural networks[J]. Advances in neural information processing systems, 2018, 31: 6106-6116.

[119] KOH P W, STEINHARDT J, LIANG P. Stronger data poisoning attacks break data sanitization defenses[J]. Machine learning, 2022, 111(1): 1-47.

[120] FANG M H, GONG N Z Q, LIU J. Influence function based data poisoning attacks to top-N recommender systems[C]//

Proceedings of The Web Conference 2020. New York: ACM IE3C2, 2020: 3019-3025.

[121] GEIPING J, FOWL L, HUANG W R, et al. Witches' brew: industrial scale data poisoning via gradient matching[EB/OL]. (2020-09-04) [2023-10-05]. https://arxiv.org/abs/2009.02276.

[122] GU T, DOLAN-GAVITT B, GARG S. BadNets: identifying vulnerabilities in the machine learning model supply chain[EB/OL]. (2017-08-22) [2023-10-05]. https://arxiv.org/abs/1708.06733.

[123] CHEN X Y, LIU C, LI B, et al. Targeted backdoor attacks on deep learning systems using data poisoning[EB/OL]. (2017-12-15) [2023-10-05]. https://arxiv.org/abs/1712.05526.

[124] TURNER A, TSIPRAS D, MADRY A. Label-consistent backdoor attacks[EB/OL]. (2019-12-05) [2023-10-05]. https://arxiv.org/abs/1912.02771.

[125] SAHA A, SUBRAMANYA A, PIRSIAVASH H. Hidden trigger backdoor attacks[C]//Proceedings of the AAAI Conference on Artificial Intelligence. New York: AAAI Press, 2020, 34(7): 11957-11965.

[126] XU W, QI Y, EVANS D. Automatically evading classifiers[C]//Proceedings of the 2016 Network and Distributed Systems Symposium. San Diego: The Internet Society, 2016.

[127] SHARIF M, BHAGAVATULA S, BAUER L, et al. Accessorize to a crime: real and stealthy attacks on state-of-the-art face

recognition[C]//Proceedings of the 2016 ACM SIGSAC Conference on Computer and Communications Security. New York: ACM, 2016: 1528-1540.

[128] LI B, WANG Y M, SINGH A, et al. Data poisoning attacks on factorization-based collaborative filtering[J]. Advances in neural information processing systems, 2016, 29: 1885-1893.

[129] HOMER N, SZELINGER S, REDMAN M, et al. Resolving individuals contributing trace amounts of DNA to highly complex mixtures using high-density SNP genotyping microarrays[J]. PLOS genetics, 2008, 4(8): e1000167.

[130] SHOKRI R, STRONATI M, SONG C Z, et al. Membership inference attacks against machine learning models[C]//2017 IEEE Symposium on Security and Privacy. New York: IEEE Computer Society, 2017: 3-18.

[131] NASR M, SHOKRI R, HOUMANSADR A. Comprehensive privacy analysis of deep learning: passive and active white-box inference attacks against centralized and federated learning[C]//2019 IEEE Symposium on Security and Privacy. New York: IEEE, 2019: 739-753.

[132] CHEN M, ZHANG Z K, WANG T H, et al. When machine unlearning jeopardizes privacy[C]//Proceedings of the 2021 ACM SIGSAC Conference on Computer and Communications Security. New York: ACM, 2021: 896-911.

[133] MELIS L, SONG C Z, DE CRISTOFARO E, et al. Exploiting

unintended feature leakage in collaborative learning[C]//2019 IEEE Symposium on Security and Privacy. New York: IEEE, 2019: 691-706.

[134] LEINO K, FREDRIKSON M. Stolen memories: leveraging model memorization for calibrated white-box membership inference[C]//29th USENIX Conference on Security Symposium. [S.l.]: USENIX Association, 2020: 1605-1622.

[135] HUI B, YANG Y C, YUAN H L, et al. Practical blind membership inference attack via differential comparisons[EB/OL]. (2021-01-05) [2023-10-05]. https://arxiv.org/abs/2101.01341.

[136] JAYARAMAN B, WANG L X, KNIPMEYER K, et al. Revisiting membership inference under realistic assumptions[EB/OL]. (2020-05-21) [2023-10-05]. https://arxiv.org/abs/2005.10881.

[137] LONG Y H, BINDSCHAEDLER V, WANG L, et al. Understanding membership inferences on well-generalized learning models[EB/OL]. (2018-02-13) [2023-10-05]. https://arxiv.org/abs/1802.04889.

[138] YEOM S, GIACOMELLI I, FREDRIKSON M, et al. Privacy risk in machine learning: analyzing the connection to overfitting[C]//2018 IEEE 31st Computer Security Foundations Symposium. New York: IEEE Computer Society, 2018: 268-282.

[139] NARAYANAN A, SHMATIKOV V. De-anonymizing social networks[C]//2009 30th IEEE Symposium on Security and Privacy. New York: IEEE Computer Society, 2009: 173-187.

[140] HITAJ B, ATENIESE G, PEREZ-CRUZ F. Deep models under the GAN: information leakage from collaborative deep learning[C]//Proceedings of the 2017 ACM SIGSAC Conference on Computer and Communications Security. New York: ACM, 2017: 603-618.

[141] SONG L W, MITTAL P. Systematic evaluation of privacy risks of machine learning models[C]//30th USENIX Security Symposium. [S.l.]: USENIX Association, 2021: 2615-2632.

[142] FREDRIKSON M, JHA S, RISTENPART T. Model inversion attacks that exploit confidence information and basic countermeasures[C]//Proceedings of the 22nd ACM SIGSAC Conference on Computer and Communications Security. New York: ACM, 2015: 1322-1333.

[143] GANJU K, WANG Q, YANG W, et al. Property inference attacks on fully connected neural networks using permutation invariant representations[C]//Proceedings of the 2018 ACM SIGSAC Conference on Computer and Communications security. New York: ACM, 2018: 619-633.

[144] CARLINI N, TRAMER F, WALLACE E, et al. Extracting training data from large language models[C]//30th USENIX Security Symposium. Vancouver: USENIX, 2021: 2633-2650.

[145] ZHU L G, LIU Z J, HAN S. Deep leakage from gradients[J]. Advances in neural information processing systems, 2019, 32: 14747-14756.

[146] TERHÖRST P, KOLF J N, DAMER N, et al. Post-comparison mitigation of demographic bias in face recognition using fair score normalization[J]. Pattern recognition letters, 2020, 140: 332-338.

[147] ZHANG Y, FENG F L, HE X N, et al. Causal intervention for leveraging popularity bias in recommendation[C]//Proceedings of the 44th International ACM SIGIR Conference on Research and Development in Information Retrieval. New York: ACM, 2021: 11-20.

[148] SHIN S, SONG K, JANG J H, et al. Neutralizing gender bias in word embeddings with latent disentanglement and counterfactual generation[C]//Findings of the Association for Computational Linguistics: EMNLP 2020. [S.l.]: Association for Computational Linguistics, 2020: 3126-3140.

[149] CELIS L E, KESWANI V. Improved adversarial learning for fair classification[EB/OL]. (2019-01-29) [2023-10-05]. https://arxiv.org/abs/1901.10443.

[150] KAMIRAN F, KARIM A, ZHANG X L. Decision theory for discrimination-aware classification[C]//2012 IEEE 12th International Conference on Data Mining. New York: IEEE, 2012: 924-929.

[151] KLEINBERG J, LAKKARAJU H, LESKOVEC J, et al. Human decisions and machine predictions[J]. The quarterly journal of economics, 2018, 133(1): 237-293.

[152] METZEN J H, GENEWEIN T, FISCHER V, et al. On detecting adversarial Perturbations[C]//International Conference on Learning Representations. Toulon: OpenReview.net, 2016: 1-12.

[153] GROSSE K, MANOHARAN P, PAPERNOT N, et al. On the (statistical) detection of adversarial examples[EB/OL]. (2017-02-21) [2023-10-05]. https://arxiv.org/abs/1702.06280.

[154] GU S X, RIGAZIO L. Towards deep neural network architectures robust to adversarial examples[EB/OL]. (2014-12-11) [2023-10-05]. https://arxiv.org/abs/1412.5068.

[155] REBUFFI S A, GOWAL S, CALIAN D A, et al. Data augmentation can improve robustness[J]. Advances in neural information processing systems, 2021, 34: 29935-29948.

[156] LIU Y, FAN M Y, CHEN C, et al. Backdoor defense with machine unlearning[C]//IEEE Conference on Computer Communications. New York: IEEE, 2022: 280-289.

[157] WANG B, YAO Y S, SHAN S, et al. Neural cleanse: identifying and mitigating backdoor attacks in neural networks[C]//2019 IEEE Symposium on Security and Privacy. New York: IEEE, 2019: 707-723.

[158] GUO C, GOLDSTEIN T, HANNUN A, et al. Certified data removal from machine learning models[C]//Proceedings of the 37th International Conference on Machine Learning. [S.l.]: PMLR, 2020: 3832-3842.

[159] IZZO Z, SMART M A, Chaudhuri K, et al. Approximate data

deletion from machine learning models[C]//International Conference on Artificial Intelligence and Statistics. [S.l.]: PMLR, 2021: 2008-2016.

[160] NEEL S, ROTH A, SHARIFI-MALVAJERDI S. Descent-to-delete: gradient-based methods for machine unlearning[C]// Algorithmic Learning Theory. [S.l.]: PMLR, 2021: 931-962.

[161] GOLATKAR A, ACHILLE A, SOATTO S. Eternal sunshine of the spotless net: Selective forgetting in deep networks[C]// Proceedings of the IEEE/CVF Conference on Computer Vision and Pattern Recognition. New York: Computer Vision Foundation / IEEE, 2020: 9304-9312.

[162] CHUNDAWAT V S, TARUN A K, MANDAL M, et al. Can bad teaching induce forgetting? unlearning in deep networks using an incompetent teacher[C]//Proceedings of the AAAI Conference on Artificial Intelligence. Washington: AAAI Press, 2023, 37(6): 7210-7217.

[163] TARUN A K, CHUNDAWAT V S, MANDAL M, et al. Fast yet effective machine unlearning[EB/OL]. (2023-3-31)[2024-03-19]. https://arxiv.org/abs/2111.08947v4.

[164] SCHELTER S, GRAFBERGER S, DUNNING T. HedgeCut: maintaining randomised trees for low-latency machine unlearning[C]//Proceedings of the 2021 International Conference on Management of Data. New York: ACM, 2021: 1545-1557.

[165] WU Y J, DOBRIBAN E, DAVIDSON S. DeltaGrad: rapid

retraining of machine learning models[C]//International Conference on Machine Learning. [S.l.]: PMLR, 2020: 10355-10366.

[166] CONG W, MAHDAVI M. GraphEditor: an efficient graph representation learning and unlearning approach[C]//International Conference on Learning Representations. [S.l.]: ICLR, 2022: 1-28.

[167] MADRY A, MAKELOV A, SCHMIDT L, et al. Towards deep learning models resistant to adversarial attacks[C]//International Conference on Learning Representations. Vancouver: OpenReview.net, 2018: 1-28.

[168] DHILLON G S, AZIZZADENESHELI K, LIPTON Z C, et al. Stochastic activation pruning for robust adversarial defense[C]// International Conference on Learning Representations. Vancouver: OpenReview.net, 2018: 1-13.

[169] STRAUSS T, HANSELMANN M, JUNGINGER A, et al. Ensemble methods as a defense to adversarial perturbations against deep neural networks[EB/OL]. (2017-09-11) [2023-10-05]. https://arxiv.org/abs/1709.03423.

[170] PAPERNOT N, MCDANIEL P, WU X, et al. Distillation as a defense to adversarial perturbations against deep neural networks[C]//2016 IEEE Symposium on Security and Privacy. New York: IEEE, 2016: 582-597.

[171] GILMER J, FORD N, CARLINI N, et al. Adversarial examples

are a natural consequence of test error in noise[C]//International Conference on Machine Learning. [S.l.]: PMLR, 2019: 2280-2289.

[172] DAI S H, MAHLOUJIFAR S, MITTAL P. Parameterizing activation functions for adversarial robustness[C]//2022 IEEE Security and Privacy Workshops. New York: IEEE, 2022: 80-87.

[173] BARRON J T. A general and adaptive robust loss function[C]// Proceedings of the IEEE/CVF Conference on Computer Vision and Pattern Recognition. New York: IEEE, 2019: 4331-4339.

[174] HSIEH J T, LIU B B, HUANG D A, et al. Learning to decompose and disentangle representations for video prediction[J]. Advances in neural information processing systems, 2018, 31: 515-524.

[175] WONG E, KOLTER J Z. Provable defenses against adversarial examples via the convex outer adversarial polytope[C]// International Conference on Machine Learning. [S.l.]: PMLR, 2018: 5286-5295.

[176] RAGHUNATHAN A, STEINHARDT J, LIANG P. Certified defenses against adversarial examples[EB/OL]. (2018-01-29) [2023-10-05]. https://arxiv.org/abs/1801.09344.

[177] LI T, SAHU A K, TALWALKAR A, et al. Federated learning: challenges, methods, and future directions[J]. IEEE signal processing magazine, 2020, 37(3): 50-60.

[178] DWORK C. Differential privacy[C]//International Colloquium on Automata, Languages, and Programming. Berlin: Springer

Berlin Heidelberg, 2006: 1-12.

[179] CHAUDHURI K, MONTELEONI C, SARWATE A D. Differentially private empirical risk minimization[J]. Journal of machine learning research, 2011, 12(3): 1069-1109.

[180] SHOKRI R, SHMATIKOV V. Privacy-preserving deep learning[C]//Proceedings of the 22nd ACM SIGSAC Conference on Computer and Communications Security. New York: ACM, 2015: 1310-1321.

[181] ABADI M, CHU A, GOODFELLOW I, et al. Deep learning with differential privacy[C]//Proceedings of the 2016 ACM SIGSAC Conference on Computer and Communications Security. New York: ACM, 2016: 308-318.

[182] HE X L, WEN R, WU Y X, et al. Node-level membership inference attacks against graph neural networks[EB/OL]. (2021-02-10) [2023-10-05]. https://arxiv.org/abs/2102.05429.

[183] LI J C, LI N H, RIBEIRO B. Membership inference attacks and defenses in classification models[C]//Proceedings of the Eleventh ACM Conference on Data and Application Security and Privacy. New York: ACM, 2021: 5-16.

[184] JIA J Y, SALEM A, BACKES M, et al. MemGuard: defending against black-box membership inference attacks via adversarial examples[C]//Proceedings of the 2019 ACM SIGSAC Conference on Computer and Communications Security. New York: ACM, 2019: 259-274.

[185] SANDVIG C, HAMILTON K, KARAHALIOS K, et al. Auditing algorithms: Research methods for detecting discrimination on internet platforms[J]. Data and discrimination: converting critical concerns into productive inquiry, 2014, 22(2014): 4349-4357.

[186] METAXA D, PARK J S, ROBERTSON R E, et al. Auditing algorithms: understanding algorithmic systems from the outside in[J]. Foundations and trends in human-computer interaction, 2021, 14(4): 272-344.

[187] ROBERTSON R E, LAZER D, WILSON C. Auditing the personalization and composition of politically-related search engine results pages[C]//Proceedings of the 2018 World Wide Web Conference. New York: ACM, 2018: 955-965.

[188] JAGIELSKI M, ULLMAN J, OPREA A. Auditing differentially private machine learning: How private is private SGD?[J]. Advances in neural information processing systems, 2020, 33: 22205-22216.